本书受"烟台大学哲学社会科学学术著作出版基金"资助

语境融合视野下的科学修辞解释研究

张旭 ■ 著

RHETORIC OF
SCIENCE

中国社会科学出版社

图书在版编目（CIP）数据

语境融合视野下的科学修辞解释研究 / 张旭著. —北京：中国社会科学
出版社，2023.3
ISBN 978 - 7 - 5227 - 1208 - 6

Ⅰ.①语…　Ⅱ.①张…　Ⅲ.①科学技术—修辞学—研究
Ⅳ.①N02②H05

中国国家版本馆 CIP 数据核字（2023）第 022169 号

出 版 人	赵剑英
责任编辑	刘　艳
责任校对	陈　晨
责任印制	戴　宽

出　　版	中国社会科学出版社
社　　址	北京鼓楼西大街甲 158 号
邮　　编	100720
网　　址	http://www.csspw.cn
发 行 部	010 - 84083685
门 市 部	010 - 84029450
经　　销	新华书店及其他书店

印　　刷	北京明恒达印务有限公司
装　　订	廊坊市广阳区广增装订厂
版　　次	2023 年 3 月第 1 版
印　　次	2023 年 3 月第 1 次印刷

开　　本	710×1000　1/16
印　　张	15
插　　页	2
字　　数	206 千字
定　　价	78.00 元

目　　录

绪　论 ……………………………………………………… 1

　　一　研究背景与意义 …………………………………… 3

　　二　国内外研究现状 …………………………………… 5

　　三　研究思路与内容 …………………………………… 15

第一章　科学修辞学的缘起与当代进展 ………………… 19

　第一节　科学修辞学理论溯源 ………………………… 19

　　一　传统修辞学与修辞批评 …………………………… 20

　　二　新修辞学的滥觞 …………………………………… 22

　　三　修辞与哲学关系的发展和科学修辞学的产生 …… 26

　第二节　科学修辞学研究趋向 ………………………… 31

　　一　修辞辩证法的语境模式 …………………………… 32

　　二　修辞目的论和特殊论 ……………………………… 34

　　三　修辞功能论 ………………………………………… 37

　　四　科学修辞学研究走向的特征 ……………………… 40

第二章　科学修辞学的语境论转向与修辞分析的产生 …… 44

　第一节　科学修辞学与语境论结合研究的可能性 ……… 45

　　一　科学哲学中语境论思想的进展 …………………… 46

　　二　科学修辞学的融合性发展需求 …………………… 49

　第二节　修辞分析的语境性表现 ……………………… 52

　　一　修辞分析的语形基础 ……………………………… 52

　　二　修辞分析的语义规范 ……………………………… 54

　　三　修辞分析的语用关联 ……………………………… 55

　第三节　科学修辞学的自我超越 ……………………… 58

　　一　从修辞发明到修辞分析 …………………………… 59

　　二　修辞分析视野的扩展 ……………………………… 61

　第四节　修辞分析对科学社会性问题的解读 ………… 64

　　一　科学社会性问题的修辞视角 ……………………… 65

　　二　科学社会性问题的修辞分析 ……………………… 69

　　三　修辞分析对科学社会性问题的重新认识 ………… 74

第三章　修辞分析作为一种科学解释理论的主要问题 ……… 78

　第一节　修辞分析的根本问题 ………………………… 78

　　一　统一性问题：不可通约性与相对主义诘难 ……… 79

　　二　有效性问题：科学的修辞理性与逻辑标准 ……… 81

　第二节　修辞分析的具体问题域 ……………………… 84

　　一　科学文本的静态分析与动态需求的冲突 ………… 84

　　二　案例研究与理论综合的不均衡 …………………… 87

　　三　科学的科学性、修辞性与社会性问题 …………… 90

　　四　修辞分析的解释性与预见性 ……………………… 92

第四章　修辞分析的语境性回归 ……………………………… 97

　第一节　修辞分析的方法论结构 ……………………… 97

　　一　修辞分析法 ………………………………………… 100

　　二　语境分析法 ………………………………………… 104

　第二节　科学文本分析——以篇际语境分析为例 ……… 108

一　篇际语境分析的本质 …………………………………… 109

二　篇际语境分析的主要特征 ……………………………… 113

第三节　科学案例研究——以科学争论为例 …………… 120

一　科学争论研究的进路 …………………………………… 122

二　科学争论研究中的语境解释 ………………………… 128

三　科学争论的语境解释意义 …………………………… 132

第四节　修辞分析的语境特征 …………………………… 135

一　修辞语境的相通性 …………………………………… 136

二　修辞语境的转换性 …………………………………… 137

三　修辞语境的整体性 …………………………………… 139

四　形态多样性与内容复杂性 …………………………… 140

五　修辞基质性与语境依赖性 …………………………… 141

六　动态过程性与科学公开性 …………………………… 142

第五章　修辞解释模式的构建 …………………………… 144

第一节　修辞解释模式的发展 …………………………… 144

一　修辞分析对科学问题的关注 ………………………… 145

二　文本语境辩证法与文本研究中的语境模式 ……… 148

三　修辞分析主体的弱化与社会互动模式的引入 …… 150

第二节　修辞解释的语境结构与预设 ………………… 155

一　科学语境 ………………………………………………… 158

二　修辞语境 ………………………………………………… 161

三　社会语境 ………………………………………………… 162

四　修辞主题与参与者 …………………………………… 163

第三节　修辞解释过程及其表征 ……………………… 166

一　修辞解释过程 ………………………………………… 166

二　修辞解释的逻辑基础 ………………………………… 169

三　修辞解释的表征语境及其逻辑特征 ……………… 172

第四节　修辞解释与判定机制 ……………………………… 177

一　控制要素与科学修辞评价机制 ………………… 177

二　修辞解释的判定语境及其逻辑特征 …………… 182

第六章　修辞解释的应用 …………………………………… 188

第一节　恩格斯"自然报复"的修辞化叙事 …………… 189

一　以成形线索理解"自然报复"的历史语境 …… 189

二　以修辞方式理解"自然报复"的文本语境 …… 192

三　以写作意图理解"自然报复"的辩证批判 …… 193

第二节　话语负向传播效应的修辞化理解 …………… 197

一　话语负向传播效应的典型特征 ………………… 198

二　技术赋权的双刃剑与话语传播 ………………… 199

三　传播效应中话语的修辞功能 …………………… 200

第三节　图像时代教育实践的修辞化变革 ………… 203

一　修辞在教育衔接性问题中的作用 ……………… 203

二　表情包的修辞功能及其教学应用 ……………… 204

结　语 ………………………………………………………… 212

参考文献 ……………………………………………………… 217

后　记 ………………………………………………………… 231

绪　　论

当今，随着科学的不断进步，人类对科学理论的说明（expla-nation）、理解（understanding）和解释（interpretation）都产生了一些变革。在这一过程中，除了传统意义上追求理性的求真过程，以修辞为代表的非传统理性思维方式被证明真实存在，并且它在科学理论的建构过程中发挥了不可忽视的作用。

由修辞学衍生的修辞思维方式和修辞分析方法（rhetorical analysis）在解决科学理论的范式通约、科学话语的模糊性等问题上产生了积极作用。它在协调科学主义与人文主义、理性思维与非理性思维的同时，将科学理性修葺为包裹多元化和复杂性因素的坚硬内核，从而给出了一种区别于传统论证形式的路径，为科学哲学的后现代发展过程牵引出一条"修辞学转向"（rhetorical turn）道路。

在这种进路中形成了科学修辞学（rhetoric of science），但是它在某种意义上仍存留了一些与传统研究相同的缺陷。这主要体现在，第一，科学修辞学本身带有较为模糊的修辞性质，它始终没有放弃对修辞核心地位的追求，这使得科学修辞学概念式微于"修辞目的论和特殊论"的研究进程中，即在非传统修辞学研究范围内，将修辞推崇到一定地位后导致了整个概念体系的土崩瓦解。第二，科学修辞学的研究传统没能充分发挥语境的应然作用，未能彰显语境的功能价值，从而缺失了研究体系中最具生动性和活力的理论环节。

在 20 世纪末的争论中，修辞学家注意到诠释学传统的当代价值，他们明确提出了"修辞诠释学"（rhetorical hermeneutics）这一崭新概念。这一概念既是复古的又是潮流的，它重新将修辞学定义为一种分析方法论的维度，很好地顺应了当今科学解释对多元化研究方法的追求。因此我们说，科学理论的修辞分析方法与传统修辞学之间不是对立的关系，而是继承与发展的关系。

与此同时，相对于方法论意义而言的修辞分析，修辞学还在认识论角度演化为一种科学修辞思维或者称作科学修辞战略。更有甚者，国外学者将修辞推崇为一种本体论的科学归宿，不过这种观点逐渐被理性修辞的认识替代。

在这些争论中，我们更倾向于将修辞分析归结为一种方法论意义上的理解，这更符合修辞学学科作为一种方法论工具发展的初衷。

修辞分析更加顺应当今科学解释的规则和要求，在这样的概念理解下我们才能将科学、语境、修辞、社会等相关因素有机结合起来。但是不可否认，修辞学的利刃尚未真正击穿科学理论研究与科学解释的修辞通路，或者说修辞分析在科学理论研究中的合法性地位仍是一个悬而未决的问题。这是因为，修辞学自身并未通过目前的发展形成一种系统和体系化解释模型。

归根结底，我们仍需要寻找一种修辞研究思路和基底来统领对科学理论的研究和分析过程，从而将修辞分析贯穿其中，提取出科学内核，同时又能给出结构完整、理论完善、行之有效并具有修辞特征的科学解释。

在此基础上，一些学者大胆设想，修辞分析有可能上升为一种解释模式，即系统地将修辞学应用于科学研究活动中从而产生独立的科学解释思想。修辞解释模式追寻一种恰当的解释模式和理论，这包含了对解释包容性与融合性、科学方法论、科学解释逻辑和模式的探求。当顺应当代修辞学的"回归语言学"（back to linguistics）口号并将科学理论等对象视作文本进行解读时，我们发现一度被忽略的语境性成了解决这些问题的关键。

一　研究背景与意义

随着新修辞学（the new rhetoric）理论和修辞哲学（philosophy of rhetoric）的成熟、自然科学的新发现与科学哲学的"修辞学转向"，修辞学研究得到了稳步的发展。但是在科学哲学领域中使用修辞学方法和视野，这在解决一些科学理论研究问题时仍然存在困难。具体表现在：科学文本解析中的静态分析不能形成多文本和多案例的并向的、动态化的研究，具体科学案例研究难以形成理论综合和统一的解释，以及科学修辞学由于缺乏对科学的指导性，无法从修辞角度出发更广阔地回答科学的逻辑性、社会性等问题。

近年来，语境论思想（contextualism）在科学哲学研究中展现出明显的优势，将语境论与修辞学结合研究，并探讨科学修辞学的语境论转向和发展趋向，是可行且有前途的。语境论思想作为一种科学哲学研究的认识和方法论纲领，在具体自然科学理论的哲学研究中做出了突出贡献，对于解决一系列的科学哲学前沿领域的问题有很好的作用，同时，语境论的分析方法和解释思想也能在修辞学研究领域中发挥作用。走向一种语境融合视野下的修辞解释模式，既是对传统修辞学的修葺，也是科学修辞学可行的和有前途的发展道路。

实际上对语境融合的要求也是科学修辞学的本质诉求。科学修辞学关注将修辞学、修辞策略与方法、修辞思维等引入科学理论研究中，将科学对象视作特定的"文本"（text），从而使得修辞分析获得解释效力。沿着这条道路前进的科学修辞学披荆斩棘，却没有注意到：如果不从根本上解决"科学"与"修辞"二者结合的衔接性问题，那么科学中的修辞学概念很可能在某个时刻被撕裂，或者说被彻底否定自身的学科地位。

重新回到科学修辞学研究初衷，我们发现，当我们将科学对象视作文本时，就已经潜移默化地将修辞研究者带入传统修辞学的模式中。虽然我们总试图挣脱这种传统模式的一些弊病，但是不能否认这种模式对修辞分析产生的重要影响和继承性。

其中，"语境"是最不该断层、不该忽视的。在语言学中，语境作为最根本的研究基底，支撑着所有相关分析的展开。而将修辞应用于科学对象时，这种基底很明显需要被传承下来，否则科学修辞学就类似于仅将树的花叶移植，而没有将其根茎转移，终究不能形成根本上的完整性。

因此，我们试图在语境论视野下推动科学修辞学的进一步发展，使之完备并构建一种融合型研究。这首先要梳理当代科学修辞学研究路径，并揭示修辞学在处理科学问题时面临的困境，在此基础上，构建科学修辞学研究领域内的语境交流平台和语境基底，并将语境分析（contextual analysis）与案例研究、修辞分析法相结合，衍生出完整的方法论结构，最终构建一种修辞解释模式。

语境融合视野下的修辞分析有着重要意义。与语境论思想结合研究，是当今科学修辞学在发展路径、面临困境和问题、未来趋势等的全面探讨基础上，在新平台、新高度上对自身理论的完善和具体应用，是后现代科学哲学的新进展。首先，科学修辞学从科学哲学的"修辞学转向"中厚积薄发，对于推动科学进步、完善哲学思辨都具有开创性意义。其中，面临的统一性与零散性问题，是其发展过程中不可规避的，也是亟须解决的。而修辞分析在汲取了修辞学研究成果的同时规避了传统修辞的零散性和主观性问题，同时它对与科学密切相关的科学文本分析、科学争论、科学创造性活动等方面展开研究，涉及科学过程的各个方面，能很好地协调具体科学案例研究，从而为理论层面的统一做努力。其次，在语境融合视野下展开的修辞分析，注重考量科学的社会语境，内含着理性必然的语境论能够避开科学知识社会学（Sociology of Scientific Knowledge，SSK）和范式不可通约性（incommensurability）的歧路，从而加速修辞解释模式的形成，使我们更好地认识和理解科学理性与科学进步。

二　国内外研究现状

（一）国外研究状况与趋势

修辞学发展至今并不是一蹴而就的，它本身具有很强的逻辑性和继承性，因此我们不得不在这里简单陈述 20 世纪末科学修辞学的研究状况，以便更好地引出和解读当今修辞分析存在的问题与发展趋向。

第一，修辞学问题的当代解读。

科学修辞学概念实际上是将科学实践作为一种修辞活动对象而展开的，它伴随着一些相近方向的发展而出现，这包括科学知识社会学、科学哲学和科学史。但是在 20 世纪产生初期，科学修辞学更多是被擅长英语语言文学、演讲和交流的修辞学家们推动的。因此早期科学修辞学常从以肯尼斯·伯克（K. Burke）为代表的新修辞学、以哈贝马斯（J. Habermas）为代表的社会学、以拉图尔（B. Latour）等为代表的科学社会学等研究中汲取养分。

但是修辞学家认为，对传统科学认识论和方法论的批判并不是解构科学思维和科学理性，而是在立足科学发展历程的基础上，使用新的思维方式揭示其中的本质关联。在这一过程中，即使再严密客观的论述都需要有一个论辩阶段，也就是通过讨论使理论获得学术地位、通过劝服使得共同体接受理论内核、通过交流使得人类共享科学研究成果。很显然，从这时候开始，修辞学便拥有了进入科学研究过程的最佳契机。当然也可以说，修辞学家正是通过这样一种思路，揭示了科学活动内部修辞思维方式被广泛应用的事实。[1]

---

① 李洪强、成素梅：《论科学修辞语境中的辩证理性》，《科学技术与辩证法》2006年第 4 期。

　　我们通常认为，科学理论研究中的修辞学问题真正起始于托马斯·库恩（T. S. Kuhn）的思想。在其经典文本《科学革命的结构》中，他在考察了常规科学（normal science）的基础上比较研究了革命科学（revolutional science）。常规科学是一种模式化、程序化、可累积的，而革命科学应当包含革命性等其他多样元素的作用。其中，修辞和劝说就是科学思想和科学实践产生变动时具有重要影响力的因素。①库恩提出的范式概念引发了科学家对于科学系统之间联系的问题研究，并进一步演化为对科学理论可通约性的质疑。我们在科学哲学和科学史上所理解的不可通约性，实际上是由费耶阿本德（P. Feyerabend）通过对库恩思想的进一步解读而得出的。这一理论的变化衍生出一系列关于科学交流和科学发明的问题。

　　而从科学哲学角度讲，无论是该问题的鼻祖库恩，还是当前科学哲学界一些知名学者，都倾向于认同修辞学作为不同系统之间彼此联系的一种有效解释途径。不可通约性带来的不仅仅是对科学发展路径的怀疑，更重要的是引起了针对科学中或然性因素研究的连锁反应。库恩坚持认为科学理论的概念表述和关键变化主要发生在范式的革命时期，而如何理解这种革命变化就在于能否找到一种分类学意义上的统一理解方式。但是我们很容易反驳说，新理论并不一定是完全革命的，例如达尔文后期思想就完全兼容他早期的进化理论设计，这种兼容性并不足以使用分类学来进行考量。而通过对科学史中哥白尼、牛顿、爱因斯坦、伦琴、拉瓦锡等的工作的研究，库恩提出并引发了后人对科学研究中认知理论的关注。也就是说，人们对于不可通约性问题的认识，逐渐由一种关注科学本身角度的问题转向了如何理解科学的问题。这一转向正是具有"哥白尼革命"式的思维转换威力。

　　同时我们还应注意到，虽然不可通约性问题似乎意味着科学的

---

① Harris R. A. , *Landmark Essays on Rhetoric of Science*：*Case Studies*, Mahwah：Hermagoras Press, 1997, pp. xiii – xiv.

发展历程将会被各种显著的范式转换事件标注，可我们仍不能忽略
在这些变化之前，为各方势力积攒力量的一般科学所发挥的重要作
用。而这种所谓的科学直觉、知觉概念、语言启示等新名词的研究，
伴随着科学哲学走向一种认知分析模式，进一步为科学修辞学的深
化做了重要铺垫。罗蒂（R. Rorty）在库恩工作的基础上，证明了修
辞在科学论述中的意义和目的，并真正推动哲学走向了一种"修辞
学转向"。这使得人们认识到，不存在孤立的科学研究方法，科学是
多种方法和论证方式的复合，这也使得修辞学对于科学理论研究的
意义重新被我们认识。

　　自产生以来，科学修辞学最具有争议的问题是修辞行为介入科
学理论研究的合理性问题。修辞学被广泛认为是一种研究劝说意义
和目的的学科，而科学则是一种典型的发现与记录世界规律的学科。
将修辞视角嵌入科学理论研究中，从而以不同的观点和方法检验科
学文本、科学调查、科学争论、科学模型、科学逻辑、科学共同体
等特征，这正是修辞分析的本质特征。从哲学角度而言，科学修辞
学就是对科学理论本身进行再次合理解释和说明的过程，在这一具
有修辞性质的过程中强化科学理论的表述功能和可接受性，从而达
到对科学参与者的规范化约束和合理劝服。如此一来，在一种广阔
的视域下，我们可以将科学理论研究方法视作一种修辞手段，即在
科学实践中提供一种修辞交往行为的支撑论据。而其中的观测、实
验等能力提供了一种修辞分析和预测的可能，这本身就是一种劝服
行为了。①

　　科学修辞学从 20 世纪 70 年代开始活跃，这种研究方向的兴起
使得科学理论及其相关的研究观点产生了一定转变。

　　首先，修辞学趋向于把科学理论和文本解读为一种有目的的设
计，并将其视作科学团体内部和团体之间交流行为的一种方式。例

---

① Prelli L. J. , *A Rhetoric of Science*：*Inventing Scientific Discourse*, Columbia：University of South Carolina Press, 1989, pp. 185 – 193.

如巴泽曼（C. Bazerman）、坎贝尔（J. A. Campbell）、迈尔斯（G. Myers）、普莱利（L. Prelli）等均在某种程度上将修辞视作一种交流工具，将其介入科学文本分析后，通过分析科学文本中透露出的语言弊病来解释科学理论研究成功与失败的关联性。

在此基础上，还有部分学者试图将科学文本视作对科学研究的修辞审视。这使得修辞分析表现出明显的诠释学特征，吸引了更多学者对修辞理论、科学知识建构等问题的关注。同时这也使得修辞分析逐渐形成一种修辞诠释学研究模式，可以说是修辞解释模式形成的真正雏形。这将修辞学提升到一种更高级别的认识论层面，从而借助修辞方法讨论科学认识、科学真理的产生与形成等特征。这一观点实际上回归了古希腊哲学家高尔吉亚（Gorgias）的真理观，即坚信真理是一种广泛讨论的结果。①

其次，与社会学等的交叉研究。这方面比较突出的是结合科学知识社会学思想，对科学、社会交叉问题展开研究，从而间接将修辞思想融入其中。例如，拉图尔（B. Latour）与乌尔加（S. Woolgar）在《实验室生活》（*Laboratory Life：The Social Construction of Scientific Facts*）中对科学研究之外因素参与科学过程的论述，再如格罗斯（A. G. Gross）等对科学审议制度等受到社会干涉问题的修辞分析。②

并且，科学家并不是孤立的个体，科学理论研究被证明是一种理性的形式体系与劝服的非形式逻辑并存的行为。科学话语通过与先前研究成果或权威建立联系，从而确定科学家及其研究的可信度。③ 甚至说，有时候科学事件直接冲击社会舆论、政策，或者

---

① Harris R. A. , "Knowing, Rhetoric, Science", in Williams J. D. ed. , *Visions and Revisions：Continuity and Change in Rhetoric and Composition*, Carbondale ： Southern Illinois University Press, 2002, p. 164.

② 参见 Gross A. G. , *Starring the Text：The Place of Rhetoric in Science Studies*, Carbondale：Southern Illinois University Press, 2006。

③ Gross A. G. , *Starring the Text：The Place of Rhetoric in Science Studies*, Carbondale：Southern Illinois University Press, 2006, p. 26.

反向由其决定，例如科学史上著名的索卡尔事件。①

　　再次，以科学家或科学工作为案例的具体分析。主要集中于对科学历程中有较大影响力的科学家、科学著作等的修辞分析，从而得出与其他科学解释差异化的理解。自亚里士多德以来传承的科学观是不能接受确定知识的不可靠性观点的，然而相互支撑的论述结构却真实地存在着不确定因素参与的空间。科学修辞学不仅仅将科学文本视作直接传递知识的载体，而是更进一步将其视为具有某种劝服结构和劝服逻辑的，这也是修辞分析超越传统科学分析方式的优势所在。因此，科学理论研究成果完成之时，科学家既要与自己过往观点保持一种系统的协调性，又要劝服科学共同体，这是一种有意义的修辞建构过程。② 例如格罗斯等对牛顿、笛卡尔光学的比较研究，③ 坎贝尔等对达尔文进化论思想的跟踪调查等，④ 这些都成为早期科学修辞学研究的典范。

　　最后，对科学哲学、科学解释的持续关注。科学修辞学产生的根本意义在于形成一种修辞特征的解释，从而为科学理论研究服务，其中，以不可通约性难题为代表的科学哲学问题成为其大展拳脚的舞台。事实上修辞学当今面临的根本问题就是，如何在多元化科学发展路径中建立一种可交流和可表达的讨论机制，从而

---

　　① 索卡尔事件并不单单是对早期科学哲学研究的一种嘲讽，更应当理解为，理论的修辞建构在某种程度上超越了客观实在，虽然这是一种对科学理性的扭曲，但是不可否认其中透露着非理性因素的重要价值和意义。

　　② Gross A. G. , "The Origin of Species：Evolutionary Taxonomy as an Example of the Rhetoric of Science", in Simons H. W. ed. , *The Rhetorical Turn：Invention and Persuasion in the Conduct of Inquiry*, Chicago：The University of Chicago Press, 1990, p. 91.

　　③ 参见 Gross A. G. , "On the Shoulders of Giants：Seventeenth-Century Optics as an Argument Field", in Harris R. A. ed. , *Landmark Essays on Rhetoric of Science：Case Studies*, Mahwah：Hermagoras Press, 1997, 以及 Gross A. G. , *Starring the Text：The Place of Rhetoric in Science Studies*, Carbondale：Southern Illinois University Press, 2006。

　　④ 坎贝尔对于达尔文的修辞研究较为系统并具有代表性，例如 Campbell J. A. , "Scientific Revolution and the Grammar of Culture：The Case of Darwin's Origin", *Quarterly Journal of Speech*, No. 72, 1986, 以及 Campbell J. A. , "Scientific Discovery and Rhetorical Invention", in Simons H. W. ed. , *The Rhetorical Turn：Inventions and Persuasion in the Conduct of Inquiry*, Chicago：University of Chicago Press, 1990。

使得科学思想在演进过程中不必削弱各自学科的内部特征，又使得多种思想在汇流中产生可以相通的研究领域，最终使得科学理论研究在一种发现的逻辑基础上，通过修辞语言的发明达到一种可通约性。①

第二，国外研究趋势。

20 世纪 80 年代之后，科学修辞学已经成为国外科学哲学的热点研究领域，修辞问题逐渐成为科学哲学的主要研究问题之一。新修辞学的兴起和科学哲学的"修辞学转向"都为科学修辞学的诞生和发展提供了基础，同时科学哲学中历史主义和后现代主义的发展为修辞分析的哲学入场提供了舞台。国外研究主要关注科学现象和问题的修辞性解释、具体科学案例的修辞分析等方面。

首先，科学修辞学不再局限于以科学文本为主的分析，它逐渐扩展为一种元理论叙述，并通过这种叙述模式向一种较为模糊的修辞解释模式过渡。这首先体现在对科学活动中修辞学研究意义的论证，其次体现于对科学活动中修辞学元理论研究的进展。一些学者通过论文集和专著的形式，讨论了修辞分析理论和解释模式问题，并就科学修辞学学术地位和方向特征做了诸多说明。② 另外，也有一些修辞学家尝试从科学争论、科学交流等问题入手，分析修辞在其中起到的作用。③ 当然更多的学者以科学、哲学与修辞的辩证关系作为突破口，试图进一步考察修辞分析与社会关系的相关研究，这些研究开辟了科技政策的修辞建构研究领域，并

① Baake K., *Metaphor and Knowledge: The Challenges of Writing Science*, Albany: The State University of New York Press, 2003, p. 29.

② 参见 Simons H. W., "Rhetorical Hermeneutics and the Project of Globalization", *Quarterly Journal of Speech*, Vol. 85, No. 1, 1999, pp. 86 – 100, 以及 Harris R. A., *Landmark Essays on Rhetoric of Science: Case Studies*, Mahwah: Hermagoras Press, 1997。

③ 参见 Pera M., *The Discourse of Science*, Chicago: Chicago University Press, 1994, 以及 Battalio J. T., "Essays in the Study of Scientific Discourse: Methods, Practice, and Pedagogy", *IEEE Transactions on Professional Communication*, Vol. 15, No. 1, 1998, pp. 116 – 118。

触及了科学民主化问题中的社会建制与修辞建构等内容。①

　　其次，案例研究逐渐超越了文本分析，成为当今修辞分析的主流。案例研究中尤以达尔文及其进化论思想所涉及的修辞分析较多，诸多修辞学家都是从这一方面入手开始了自己的学术生涯，并做出了一些不同于传统科学解释的研究成果。② 与此类似，还有一些学者关注牛顿在光学研究中的话语应用，并从修辞学角度给出了其光学理论战胜胡克和笛卡尔等的思想的历程，也十分具有参考价值。在案例分析基础上，有学者开始关注如何运用这些修辞规律，为科学理论研究提供一些策略性支持，比如在科研项目申请和论文评审等问题上的修辞研究。③

　　最后，科学修辞学展现出一种融合研究趋势，这使其与语境融合探索成为可能。一方面，因为修辞学本身就具有交叉性学科特征，另一方面，受制于目前科学修辞学发展所面临的困难和散漫性，其试图从外部融合一些新的观点以促进自身前进。其中，尤以语境融合研究趋势最为明显。最为关键的是，语境本身也与修辞一样，是语言的元理论问题。语境概念本身就源自语言学，与修辞学具有同源性，能够很好地适应修辞学研究的需要。国外语境论研究出现较早，研究成果集中于语言哲学和社会学分析层面，在理论高度上有很多开创性工作，并且逐渐渗透于自然科学哲学的理论研究中。近年来修辞学界一些学者呼吁新的科学修辞学研

　　① 参见 Gusfield J. ，"The Literary Rhetoric of Science：Comedy and Pathos in Drinking Driver Research"，*American Sociological Review*，Vol. 41，No. 1，1976，pp. 16 - 34，以及 Black E. ，*Rhetorical Questions：Studies of Public Discourse*，Chicago：University of Chicago Press，1992，以及 Brown R. H. ，"Society as Text：Essays on Rhetoric，Reason，and Reality"，*British Journal of Sociology*，Vol. 40，No. 1，1989，以及 Brown R. H. ，*Toward a Democratic Science：Scientific Narration and Human Communication*，Yale University Press，1998。

　　② 参见 Campbell J. A. ，"Scientific Revolution and the Grammar of Culture：The Case of Darwin's Origin"，*Quarterly Journal of Speech*，No. 72，1986，pp. 351 - 376，以及 Keränen L. ，"Rhetorical Darwinism：Religion，Evolution，and the Scientific Identity"，*Quarterly Journal of Speech*，Vol. 100，No. 4，2014，pp. 492 - 495。

　　③ 参见 Myers 的著作及其中译本：《书写生物学——科学知识的社会建构文本》，孙雍君等译，江西教育出版社 1999 年版。

究思路，特别是欧洲大陆一些学者主张将语境论思想引入科学修辞学中。他们尝试在语境中考量科学强度、有效性等问题，并对科学活动的修辞语境展开调查，同时涉及了科学文本与社会语境等问题。①

　　但是不得不承认，随着修辞研究的深入，一些新的问题不断涌现出来。修辞分析逐渐成为研究科学问题的重要方式，并伴随产生了具有元话语分析特征的解释方法。修辞学之所以能够从新修辞学研究迁跃到科学理论研究领域，很重要的一点在于它完成了一种认识论的转变，即将修辞学视作真实的话语实践，而不仅仅限于一种解释学角度的方法论复兴。这一认识过程并不是一帆风顺的。早期的科学修辞批评大多局限于对科学理论研究中解释学概念的应用，并将这种解读倾向于一种修辞意义上的表述。进而一些学者将修辞研究扩展为一种科学理论研究领域中的新视角。这使得修辞分析成为一种理性与非理性交叉研究的有力增长点，特别是对一种解释学科角度分析而言，它具有解释任务和生成知识的功能，而同时作为一种研究视角，它又具有生成新观点的能力。

　　然而，毕竟社会科学研究视角仍然无法完全取代自然科学视角，或者说两者并不能做到完全的融洽，由此产生了一些对修辞解释效力的怀疑。不可否认的是，当今科学修辞学尚未形成一种一般性解释理论，使其能够被广泛应用于科学分析活动中。所以我们仍然停留于一种关于科学理论的解释学视角上，或者称之为一种文本知识的研究视角，而这种研究很明显是基于相互理解的基础上的。所以说即使科学哲学中认可了科学修辞学的解释效力，也仍然无法确定其能否撬开自然科学领域的大门，即完全被科学共同体承认，更不消说是融入科学理论研究的各个阶段。

---

　　① 参见 Rehg W., *Cogent Science in Context*, The MIT Press, 2011, 以及 Kostouli T., *Writing in Context（s）：Textual Practices and Learning Processes in Sociocultural Settings*, New York：Springer Science, 2005。

　　这样的进程导致了 21 世纪的科学修辞批评将研究视角重新回归到其自身问题上，即科学修辞学在寻求恰当理解科学理论的过程中展开了对自身学科性和解释合法性的反思。并且我们也注意到，当前这种纠纷主要集中于科学文本批评中，所以我们相信以科学案例研究为主的发展方向仍然代表着最有前途的修辞分析理论研究进展。①

　　有意思的是，正是这种对自身学科性的怀疑，更进一步将修辞学研究推向了一种"全球化"视野。不得不说，以冈卡（D. P. Gaonkar）为代表的学者，一针见血地指出了当今科学修辞学研究中面临的一些困难。经过两千多年的发展，修辞学这门古典技艺仍旧焕发着光彩，其统一性在于，无论是新修辞学还是科学修辞学，它们都坚持了传统意义上的修辞特征。但是这种修辞特征确实是有一种逐渐弱化的发展趋向。自亚里士多德和西塞罗修辞演说模型之后，修辞学所表现出的本质特征就在于言说主体对于修辞策略的灵活使用，而近代语言哲学的进展使我们将其理解为一种话语实践，即注重修辞实践活动中的语用学特征。

　　从那时起，人们更加关注修辞过程本身而不是修辞主体，更加关注修辞实践结果和过程的统一性而不是修辞结果与修辞目的的统一性。这就存在着两方面的"狭隘性"：第一，传统的修辞理论已经不再完全适用于当今高速发展的社会交往行为，尤其是人类参与的科学活动行为；第二，修辞理论的弱化导致了解释主体性的地位弱化，随之而来的是理论的解构与重构过程中解释主体性的重新定位。

　　但是似乎科学修辞学研究的发展并未受到这些难题的阻碍，反而使得它在一种质疑声中更加扩展了研究领域。科学家并没有因为修辞的或然性而加以拒绝，反而在不同角度尝试使用修辞思维，

---

① Gross A. G. and Keith W. M. eds., *Rhetorical Hermeneutics*: *Invention and Interpretation in the Age of Science*, Albany: State University of New York Press, 1997, pp. 11 – 13.

甚至可以说逐渐形成了一种修辞的自觉应用。但是对于科学哲学研究而言，还是要集中于解决如何将修辞发展为一种强力、有效的解释方法的问题上来。事实上我们无法完全割裂实践与理论的辩证关系，也就无法完全区分作为产出产品的修辞和解释理论的修辞。① 所以说，区分修辞分析理论和理论的应用，区分文本作者的修辞策略和读者的修辞解读就成为一个很重要的研究问题。

这种区分推动了科学修辞学重新重视语言学研究传统意义上的关键问题，尤其是使得语境问题重新得到关注。在此基础上，科学研究中的交流行为更加明晰化，也意味着科学共同体中某人提出一种新的理论时，他会自觉使用修辞策略将其理论成果进行推广，最终目的是争取被整个科学共同体接受。在这一进程中，同行的审议机制成为他运用修辞策略进行博弈的舞台。而我们更应该注意到，这一过程中所涉及的科学语境、社会语境等的重要推动作用，有时甚至可以说是决定作用。而当我们将修辞上升到一定高度之后，它在超越传统科学解释的同时，需要构建一种完整的科学解释结构，即科学理论的修辞解释模式。同时，修辞分析也顺理成章地成了解开科学研究中"语言游戏"谜题的关键钥匙。

（二）国内研究状况与趋势

国内科学哲学领域中的修辞研究起步较晚，数据表明，截至2011 年我开始进行科学修辞学相关资料收集和整理时，国内涉及"科学修辞"研究的学术论文仅 37 篇，甚至低于作为科学修辞学中某一方法论的"科学隐喻"研究论文（67 篇）。② 可见从整体上在科学理论研究范围内对修辞学的把握不足，并且对科学修辞学路径与问题、发展趋势等整体研究尚未出现。国内学者参与科学

---

① Leff M. C., "The Idea of Rhetoric as Interpretative Practice: A Humanist Response to Gaonkar", *The Southern Communication Journal*, No. 58, 1993, pp. 296 – 300.

② 陆群峰、肖显静：《中国国内有关"科学语境"研究概况》，《科学技术哲学研究》2011 年第 6 期。

修辞学研究的人数较少，尚未彰显修辞学在科学哲学中的影响力。而修辞学及隐喻、类比等细化概念长期被局限于语言哲学的研究范畴中，未能深刻体现修辞学在科学解释研究中的影响力。实际上科学修辞研究早该挣脱语言学层面的束缚，从而超越语言学而涉及更广阔的研究范围。总之科学修辞学尚未形成一定的研究热度，尚未形成深入、全面和系统的理论研究。

近年来，科学修辞研究逐渐得到国内科学哲学界的认可，相关的研究工作和著作虽寥若晨星，但也从许多方面做出了贡献。具体表现在：第一，对科学修辞学理论来源、理论边界和本质特征的研究；第二，对修辞分析方法及其特征、方法论意义的研究；第三，对科学修辞学家思想的介绍和传播，以及元理论角度科学修辞学的论述；第四，对科学理论研究中具体案例的修辞分析。

可以说，近年来国内的科学修辞学研究类似于 20 世纪 80 年代国外科学修辞学方兴未艾之时，而如何加速这一研究进程，并结合当今最新的融合研究趋势给出一种有见解的修辞解释模式，就成了较为迫切和重要的问题。这也正是本书研究的出发点。

三　研究思路与内容

当我们在语境融合视域下讨论科学修辞问题时，就不可避免地会用到"科学修辞的语境分析"这样的词语，这里首先要澄清它的概念。实际上英文中会涉及两种术语，而翻译成中文后均可以称为科学修辞的语境分析。第一种是"contextualist analysis of rhetoric of science"，第二种是"contextualist analysis on rhetoric of science"。后者是指在科学修辞学外部，使用语境论观点对科学内容和方法进行一种语境化批判，这多用于我们前面讲到的一些对修辞学学科地位质疑的文章中，实质是以语境分析替代修辞分析。而前者是指在科学修辞学内部推动修辞分析向语境论研究方式的转变，或者追求两者的融合研究趋势。因此，当我们提到修辞分析时，特别是在语境融合视野下的修辞分析，大多指前者的英文翻译。不过，实质上我们也并不追求与这两种取向完全一致，因为我们认为语境分析和修辞分析各有优势，而语境更多的是关注一种宏观的、外在的视角，它并不能完全替代或者改造修辞分析，只是修辞解释模式需要基于这种外在条件或者基底进行一定的创新以更适合当今科学理论的解释需求。

本书在考察当今科学修辞学研究进路的同时，注意到修辞学研究回归语言学的趋向，特别是重拾语境论思想并促成科学修辞学转向一种语境论研究趋势，进而在这种语境融合视域下探讨所面临的新问题。随着当今科学的不断进步，科学思维方式也发生了重大变革。修辞学作为一种具有元分析特征的科学方法论，逐渐渗透于科学发明和科学论述的修辞策略研究中。但是相较于传统理性思维方式，以修辞为代表的或然性方法论仍面临着诸多困难。因此如何回答科学修辞学面临的当代诘难，并在科学进步的基础上构建一种修辞解释模式，就成为十分有意义的研究方向。而越发深入的研究表明，在语境论基础上形成的修辞分析，为科学解释提供了一种融合性研究平台，为科学主义和人文主义、理性主义和非理性主义的对立重新找回了可沟通、可交流的基点，并在修辞语境基础上促成了科学话语中语形、语义和语用分析方法的结合。

绪论部分介绍了本书的研究背景和选题依据，着重分析了当前科学修辞学所面临的困境和可能的发展趋向，并以此为基础梳理出文章的研究思路。同时针对国内外相关文献，研读并对各种修辞方法存在的问题展开讨论，特别是探讨了从语境论出发构建修辞分析及其解释模式的可能性，并借助于国外相关学者在此领域做出的突破性尝试，进一步完善这种研究趋向。

首先，我们回顾了修辞学分析方式在近代科学兴起之后的重新萌生，特别是其对科学理论研究域面的渗入。其中传统修辞学与修辞批评、新修辞学、修辞哲学等学科的发展为科学修辞学的产生提供了条件因素。并且通过 20 世纪最后十年的发展，科学修辞学先后经历了修辞辩证法的早期语境模式、修辞目的论和特殊论、修辞功能论三大发展阶段，当前最为突出的是在功能论基础上理性的学科定位以及一种融合性研究需求。

其次，我们针对这种融合发展需求关注了科学修辞学的语境论转向，特别是在这一转向中其走向一种修辞分析的典型性特征。修辞与语境的结合根本上是因为语境概念与修辞概念同源于语言学研究，并且语境论研究已经在科学哲学研究中形成了典型的解释模式和方法论结构。此外，国外一些修辞学家已经注意到，科学修辞学自身表现出明显的语境特征，例如其语形表征的语境限定、修辞分析的语义基础和规范、修辞学与语用学的关联等。因此科学修辞学的语境论转向就成为一种自然而必然的趋势了，而在这种潮流中迸发的修辞力量已不容小觑。

再次，我们在这种语境融合视野下反思了修辞分析所面临的两大根本性问题，即统一性问题和有效性问题，并从不可通约性与相对主义诘难、修辞理性与逻辑标准等角度深入剖析。从这两方面展开，将具体问题域锁定在了科学文本的静态分析与动态研究需求冲突、案例研究与理论综合的不均衡、科学的修辞性和社会性问题、理论解释性与预见性四个比较有代表性的解释维度上。

又次，我们分析了修辞分析的方法论结构，并据此对其两种主要研究方式进行了语境分析。在语境融合视野下，语境分析法与修辞分析法有机结合，能在科学文本分析和科学案例研究中表现出明显的优越性。我们以篇际语境分析和科学争论为例探讨，进一步展开论述了修辞分析的语境特征。

最后，我们通过对修辞解释模式的历史回顾，说明了修辞分析中语境结构和预设的重要性，并对修辞解释的整体过程展开解析。分辨了传统科学解释和修辞解释的区别，特别关注了科学修辞表征与解释过程中的逻辑基础问题及其表征逻辑特征。根据控制要素和科学修辞评价机制问题、修辞解释的判定逻辑特征等，进一步研究了修辞评价与其判定机制。

另外，从实践应用的角度来讲，修辞解释同样重视语用性问题，即侧重于将其对客观世界的规律性理解转化为对具体问题的应用。我们通过文本的修辞化叙事、话语效应的修辞化理解、社会实践的修辞化变革三个角度展开应用探索，逐步尝试将修辞解释的理念贯彻到具体的现实域面中。

本书在结语中提到了当前研究的部分困难和今后继续努力的方向。尤其是针对修辞分析中模糊逻辑（fuzzy logic）和语境逻辑（contextual logic）的演化问题、修辞实在性问题、修辞直觉与语境问题、科学类比模型问题等进行了后续研究规划。

总之，我们根据对科学修辞学研究方向的把握，从中梳理出具有完整科学解释意义的修辞分析概念，并通过对其解释内涵的理解、发展趋向的把握及其融合研究趋向特征的分析，希望能够揭示当前修辞分析在语境融合视野下的崭新生命力，并期望给出一种相对完善的修辞解释模式。这一方面为科学研究中的修辞学思维方式确立更加坚实的学科基础，给出了科学修辞学一种新的研究向度，另一方面也论证了修辞分析在当今科学哲学和科学解释研究中的学术价值。

第一章　科学修辞学的缘起与当代进展

科学修辞学是当今新修辞学理论的新进展和新趋势，它既有新修辞学的特征又有哲学的思辨性，是将科学哲学、新修辞学的思想方法用于研究科学活动和科学理论而产生的。

狭义的科学修辞学是指研究自然科学活动中的修辞现象。随着研究的深入，不难发现，纯自然科学的修辞研究必然导入社会语境，而且科学理论研究成果最终也必须要达到社会共享的要求，同时科普等社会问题也是科学活动研究必不可少的。因此，广义的科学修辞学还包括社会科学领域的修辞研究。

总之，科学修辞学是将科学哲学、新修辞学方法运用于自然科学和社会科学活动的方法论学科。它传承了传统修辞学的批判精神，植根于近代新修辞学复兴的浪潮中，并通过与哲学运动的交织而逐渐产生。然而其发展模式逐渐受困于传统语言学层面的弊病，进而开始寻求一种融合研究模式，从而在一种融合研究趋向中再次探求修辞的本质。

第一节　科学修辞学理论溯源

科学修辞学真正萌芽于近代自然科学的产生以及哲学的"三大转向"运动之后。近代科学的不断发展，解禁了原本排除在科学研究之外的修辞学思维。为了应对科学带来的社会性问题、促进科学的进步和传播，修辞学在科学理论研究领域大展拳脚的时代最终来临了。

科学修辞学是将修辞学的工具性、方法策略等带入科学理论研究视域而形成的一种交叉研究，这体现了当代新修辞学研究与科学哲学研究的汇流。作为这样一种交叉型研究学科，科学修辞学有着广泛的理论来源，总体来说包括修辞学的和哲学的两个方面。其中，修辞学的来源是最基本的，哲学的来源是影响最深的。

一　传统修辞学与修辞批评

实际上，科学修辞学的理论基础和核心思想早在古希腊时期就已经存在。科学修辞学受到传统修辞学根深蒂固的影响，它汲取了传统修辞学的研究思路、分析方法等特征。

西方修辞学通用的"rhetoric"一词源自希腊语中的"rhetorike"，该词源最早出现于柏拉图的《高尔吉亚篇》中，原意是指公共演说家或政客所使用的话语技艺。[①]

柏拉图承认修辞在言语过程中发挥着重要作用，但是对于修辞学研究持敬而远之的态度，他认为辞藻的滥用能够短时间内提升话语的说服力，但是同时也存在误导他人的问题。于是在技艺区分上，修辞学应当属于那种"坏的"类型。这种观点一定程度上左右了修辞学的命运，使得修辞学长期处于不利的发展地位。其后亚里士多德将修辞学与辩证法并列，将修辞推理与理性推理归为一类：两者可能存在推理方式、逻辑规则、使用效果等的区分，但并不是在类的本质上的区别。特别是他区分了积极与消极的修辞，使得修辞能对哲学其他思维服务，在一定程度上为修辞学正名。这使得修辞学与哲学的对立得到缓解，但没有从根本上否定柏拉图的观点并消除这种影响，这也决定了修辞学在产生初期主

---

① 温科学：《20 世纪西方修辞学理论研究》，中国社会科学出版社 2006 年版，第 55 页。

要适用于辩论、诉讼等狭小的领域。亚里士多德整理古希腊修辞思想而著的《修辞学》对于后世整个修辞学研究进路都有指引作用，总的来说，他把修辞活动看成劝说与诱导的技艺，用于劝服他人以使其思想与行为服从于修辞者的意愿。

传统修辞学经过古罗马时期鼎盛后逐渐坠入低谷，尤其是在文艺复兴和启蒙运动时期，修辞学的缓慢发展与哲学思维的兴盛产生了鲜明对比。16 世纪以拉米斯（P. Ramus）和笛卡尔等为代表的理性主义对修辞学进行猛烈抨击，拉米斯的所谓"修辞学革命"并没有复兴修辞学，反而"革了修辞学的命"，肢解了亚里士多德以来的论辩研究，只保留了文体和演说技巧作为修辞研究的内容。经过文艺复兴的洗礼，17 世纪的修辞学转而与文学批评联姻，这对于修辞的学科地位并没有任何实质帮助，但却无形中扩大了修辞学的研究领域，并且文学批评模式的出现为后来新修辞学的复兴留下活路。到 19 世纪乃至 20 世纪初期，人们对修辞研究的兴趣降至有史以来的最低点。[①] 惠特利（R. Whately）的《修辞学原理》（*Elements of Rhetoric*）分析了修辞学没落的原因，指出修辞学作为一门古老的技艺，它从注重修辞过程转向侧重修辞效果的应用，从以劝说和论辩形式为主体转向以理论构建为主要形式，从而使其从一门古典艺术沦为话语行为的艺术。[②] 在低潮时仍有坎贝尔（G. Campbell）这种大师的出现，他的《修辞哲学》（*Philosophy of Rhetoric*）被认为是现代修辞学的开山之作，是自古希腊经典修辞技艺之后的再次崛起。[③] 坎贝尔区分了说服（persuasion）与信服（conviction），弱化了古典修辞的劝说，将启发理解的"信服"作为修辞的目的。从此开始，修辞目的性不断弱化，使得修辞学能

———————

① 温科学：《20 世纪西方修辞学理论研究》，中国社会科学出版社 2006 年版，第 120 页。

② 姚喜明等：《西方修辞学简史》，上海大学出版社 2009 年版，第 164 页。

③ Bizzell P. and Herzberg B.，*The Rhetorical Tradition*，Boston：St. Martin's Press，1990，p. 749.

在各个学科中站得住脚，肯尼斯·伯克后来提出的"同一"理论实质上是对此的发展。尼采（F. W. Nietzsche）提出了语言的不确定性后进而指出科学和哲学的修辞性。这个观点已经为当代的修辞学家所接受，它将传统修辞学空间从人文领域扩展到社会科学领域，并渗透到自然科学领域，进而产生了科学修辞、医学修辞等修辞学新的研究范围，可以说是尼采大大地扩展了修辞学的范围。[①]

19 世纪中期开始的变化为 20 世纪新修辞的蓬勃发展做了基调。美国文学运动的兴起使得修辞学发生转变，它关注的对象由古典的演说修辞转为作文，这是新修辞学的开端。基于此，修辞学更多地关注文本修辞，并开始多样化的修辞讨论。但这种转变将修辞引向歧路——过多关注文本的修辞技巧而偏离了哲学和修辞的本质。抛开这一点来讲，修辞的范围扩大了，人们逐渐认识到修辞不仅仅适用于古典演说，除此之外的各种语言形式都存在着修辞的作用。因此，表面看来衰落的 19 世纪修辞学实际上为后来的爆发埋下了种子。

二　新修辞学的滥觞

经过一段时间的沉寂，修辞学在近代科学发展的大流中重生。现代主义高举"理性与科学"的旗帜以追求对真理的解释，逻辑实证主义的盛行更使得人们普遍认为一切有意义的问题都可以通过科学手段检验，试图在非确定状态下对事物进行推理的和讨论的修辞学被打入冷宫。然而随着时间的推移，人们对科学思维方式能否应用与解决人类社会和道德问题而产生疑问。科学固然能使物质文明获得史无前例的进步，却未能就解决事关人类社会的政治、精神、道德、文化等方面提供明确有效的帮助。人类作为需要时刻社会互动的群体，不得不重新思考社会成员和集团之间

---

① 　姚喜明等：《西方修辞学简史》，上海大学出版社 2009 年版，第 216 页。

的相互影响如何实现，做出选择的社会动机、价值观、权力因素是如何作用和转变的等等类似这些问题，科学思维方法都无法给出合理的答案。① 相反，之前并不被重视的修辞学却能做出一定的解释，这些解释被证明是具有人文关怀的，并且对于社会的进步有很大帮助。因此，修辞学才再次站到了学术舞台的中心。两次世界大战战后的反思、科学进步与社会发展的不协调等因素促使更多学者关注修辞学这样一门古老的传统学科，他们从中汲取养分并与当今思潮结合，催生出了新修辞学。新修辞学是传统修辞学涅槃的产物，新的修辞观念取代传统修辞思想，更加适应社会需求，逐渐发挥出巨大的影响力和创造力。

在此基础上，一些学者开始研究科学活动中的修辞现象，他们不但关注社会科学领域，还将修辞触角深入自然科学活动中，从而产生了科学修辞学这一新的研究理论。新修辞学继承了传统修辞精神，但是由于应用领域的不断扩大，很难用一种学科框架来规定其范围，不过也正因如此，与其说新修辞学是传统修辞学的发展，毋宁说新修辞学是借修辞复兴名义而产生的新的研究方式。新修辞学运动的蓬勃发展使得修辞方法被广泛应用于其他学科中，这不但扩大了修辞范围，更重要的是转变了人们对修辞的看法，使我们认识到"人类是修辞的动物"这样一个基本命题。

第一，新修辞学极大地扩展了传统修辞学范围。直到20世纪初兴起的新亚里士多德主义（neo-Aristotelianism）修辞，仍将工具性作为对修辞的主流认识：修辞是人们理解真理或传播知识的工具和技艺。新修辞学则认为修辞现象无处不在，它隐藏在人类一切活动中，修辞的作用就是改变自身或他人的态度和行为，帮助组织和规范人类的思想与行为，同时它是增进理解、消除误会的重要手段。新修辞学的论著恢复并扩大了修辞学的范围：对论辩理论的重新研究，对"同一"理论的提倡，对修辞社会性的强调，

---

① 刘亚猛：《西方修辞学史》，外语教学与研究出版社2008年版，第283—284页。

对修辞目的、语境依赖等都被纳入新修辞学研究的范畴。① 修辞学不但关注社会问题，就连原本与其格格不入的科学问题都能一展拳脚，科学修辞学正是在这样的背景下应运而生的。同时新修辞学渗入具体自然科学和社会科学研究中，将心理学、医学、社会学、政治学、文学等理论引入修辞学中，又将新修辞理论应用于这些领域，形成了修辞学元理论基础上的案例分析。

修辞学范围的拓展带来了对修辞性质等问题的重新认识。新旧修辞学不仅范围不同，性质也有差异。伯克在《修辞学：新与旧》中指出，旧修辞学的关键词是"劝说"，强调有意识的设计；新修辞学的关键词是"认同"，包括部分无意识因素。新修辞学是对以亚里士多德为代表的古典修辞学的补充，而不是替代物，两者的关系就如同相对论物理学之于经典物理学一样。传统修辞学研究个人如何取得成功，是一种单向度的，而新修辞学将研究重点放在修辞双方沟通过程中的互动作用，在此基础上寻求一种协调社会相关问题的处理方法。这种双向思维特别适用于科学理论研究的实际情况，对于科学修辞学的分析模式产生了重要影响。

第二，新修辞学形成了有较大影响力的修辞批评模式。新修辞学催生了众多修辞批评体系，新亚里士多德修辞批评、经验主义修辞批评、戏剧主义修辞批评和后现代修辞批评是当代西方修辞批评体系中应用最多的，此外由此扩展而来的社会修辞批评模式另辟蹊径，也起到了很好的解释作用。② 其中，影响最深远的理论毫无疑问是伯克的"认同"和"同一性"理论。与传统的强力劝说不同，新修辞学强调的认同和同一是一种弱化的修辞，而这种弱化却能在当代社会起到更好的修辞效果。伯克讲到同一性在三个方面发挥作用：作为实现目的的手段，例如立场相同而同一；对立关系中创造同一，即因为共同的敌人而立场一致；无意识下

---

① 徐鲁亚：《西方修辞学导论》，中央民族大学出版社 2010 年版，第 26—41 页。
② 温科学：《二十世纪美国修辞批评体系》，《修辞学习》1999 年第 5 期。

的劝说，这是最强力的一种作用。① 伯克的戏剧主义批评及其五要素理论在其他修辞学研究领域有一定的通性，例如在科学修辞学中，戏剧主义的行为、人物、手段、场景和目的可以表示为行为、修辞参与者、修辞策略、语境和目的。

第三，新修辞学强调论辩的作用，重新建立了修辞与哲学的桥梁。佩雷尔曼（C. Perelman）、图尔明（S. Toulmin）和哈贝马斯等的思想对当代论辩研究产生了重要作用，他们将论辩模式重新引入修辞学，在一定程度上修补了哲学与修辞学的关系，促成了当代修辞学与哲学的再次联姻。佩雷尔曼最早使用"新修辞学"一词，他在《新修辞学：论论辩》中强调哲学与修辞的关系。② 他认为，修辞应当包括劝说与论辩两个层次，修辞作为一种工具既可以作为理性的思想基础，也能为命题提供一定的推理方法。他指出哲学方法的修辞性、论证性，批评笛卡尔讲的是一种"神的而非人的知识理论"③，这种忽略修辞作用的哲学思维将传统的知识论认识、科学认识奉为高高在上的唯一的、神性的，这明显与科学的进步和发展相违背。科学理性应当强调理论被人接受过程的重要性，认识论应当建立在论辩性质的知识基础上，修辞就是其中最基本的工具。④ 历史上修辞与哲学分道扬镳的根本原因在于，传统修辞过度关注风格、技巧、策略，忽视了修辞本质与理性的关系。论辩的加入使得修辞被赋予了创造知识和揭示真理的功能，修辞学因此改变了哲学的面貌，哲学不再是寻求虚幻的普世原则，而是追求构建普遍接受的共同价值立场，特别是对语言哲学的考察，

---

① Burke K., *A Rhetoric of Motives*, Berkeley：University of California Press, 1969, p. 20.

② Perelman C. and Olbrechts-Tteca L., *The New Rhetoric：A Treatise on Argumentation*, Tran. by Wilkinson J. and Weaver P., University of Notre Dame Press, 1969.

③ Perelman C. and Petrie J., *The Idea of Justice and the Problem of Argument*, Routledge & Paul, Humanities Press edition, 1963.

④ 徐鲁亚：《西方修辞学导论》，中央民族大学出版社 2010 年版，第 37 页。

深化了人对自身问题的理解，许多社会问题也变得迎刃而解。①

三　修辞与哲学关系的发展和科学修辞学的产生

修辞学与各相关学科关系中最为纠缠不清的当数其与哲学的关系。哲学产生之初，包含了理性思维模式和修辞思维模式，而后哲学家、古典修辞学家试图将修辞学与辩证法区别开来，却又同时强调修辞论辩的说服性（persuasiveness）和雄辩性（eloquence），这使得修辞学不能不包含部分哲学和逻辑的功能。

古希腊和罗马时期的哲学与修辞学，作为古典政治体系下社会民主的需求得到了有利的发展空间。这时的修辞学与哲学密不可分，往往哲学造诣深的学者也兼是修辞学家，修辞作为一种热门技艺，与哲学的发展相得益彰。中世纪后的哲学与修辞学发展就脱节了，此时的哲学遭受极大限制，而神学修辞却得到提倡。到启蒙运动、科学主义兴起时，哲学思想的火花不断迸发，而修辞学却被打入冷宫。近现代哲学式微，新修辞学、语言哲学的发展成为哲学与修辞学再度结合的契机。

20 世纪西方修辞学复兴正是从语言哲学和修辞哲学开始的。近代哲学家试图将辩证法作为探求真理的唯一手段，将修辞学禁锢于文体或修饰语的技巧研究层面。理查兹（I. A. Richards）的"意义理论"研究与巴赫金（M. Bakhtin）的"对话理论"研究如出一辙，从语言哲学及其对修辞哲学的贡献上开启了新修辞学运动之门，这是当代修辞学理论的出发点，也是修辞学与哲学新的联结点。他们认识到词语研究的局限，认为语言的意义问题应当从语境出发来讨论，对话和交流才是语言的基本单位，才是语言和言语行为的意义所在。

20 世纪的西方修辞学一直在试图修复它与哲学的关系，恢复其在古典时期那样的显赫地位，这股思潮在学术界产生了深远影响。

---

① 姚喜明等：《西方修辞学简史》，上海大学出版社 2009 年版，第 229 页。

韦弗（R. M. Weaver）深刻阐释了修辞学与辩证法之间密不可分的关系，并断定修辞学是辩证法的一个分支。韦弗所言的辩证法是对理解的抽象推理而不是对现实世界问题的研究，因此好的修辞总是以辩证法为先决条件，他将理解与行为结合，肯定了辩证法与修辞学之间的联系。① 理查兹、巴赫金、韦弗、伯克、佩雷尔曼、图尔明、格拉斯（E. Grassi）、福柯（M. Foucault）和哈贝马斯等直接或间接地发展了修辞学理论，他们间或是哲学家、语言学家、科学家，对于修辞学特别是言语交际层面的发展做出了突出贡献。②

他们所做的研究直接导致了两种修辞学转向："文学批评的修辞学转向"和"哲学的修辞学转向"。其中，类似理查兹、伯克这样的文学评论家，在研究修辞学过程中发现，修辞学是在人类事务中克服分裂和冲突的源泉。哲学家将修辞看作一种途径，如上述文学批评模式的改变一样，在解决社会问题时加强相互理解，促进社会和谐，这竟然取得了意想不到的成果。如同德里达（J. Derrida）主张的，哲学离开修辞手段是不可能的，在一些哲学和社会问题研究中，修辞学的功用正在不断被挖掘。这就使得当今我们在进行科学问题的哲学研究时，引入修辞学视角是必要的和有效的。

当代修辞学的迅猛发展归功于其交叉性。近十几年来，修辞学研究领域不断扩张，学科主题分布范围多元化，如表 1.1 所示。

表 1.1　基于 SSCI（2004—2013 年）的西方修辞学研究领域的学科主题分布③

序号	学科	发文量（频次）	占文献总数（%）
1	传播学	315	5.81

---

① 温科学：《20 世纪西方修辞学理论研究》，中国社会科学出版社 2006 年版，第 231—236 页。

② Foss S. K. ed., *Contemporary Perspectives on Rhetoric*, Waveland Press Inc., 1991, p. 21.

③ 李红满、王哲：《近十年西方修辞学研究领域的新发展——基于 SSCI 的文献计量研究》，《当代修辞学》2014 年第 6 期。

序号	学科	发文量（频次）	占文献总数（%）
2	语言学	274	5.03
3	社会科学	249	4.56
4	传播学——言语交际领域	242	4.45
5	心理学	201	3.67
6	社会科学——其他相关研究	171	3.10
7	教育学和教育研究	166	3.05
8	社会学	163	2.99
9	政治科学——政府管理和法律领域	140	2.57
10	政府管理和法律	138	2.54
11	商学	117	2.15
12	管理学和经济学	100	1.84
13	哲学	99	1.82
14	哲学——交流领域	84	1.54
15	环境科学研究	79	1.45

　　通过对最近十余年的数据分析，从哲学运功中萌生的修辞学转向迅速浸染了整个理论研究界，修辞作为一种人本主义的思维方式蔓延在社会科学研究范围中，甚至开始触及自然科学研究领域。这股力量融合了原本被分割的学科视域，使得科学修辞学这样一种跨学科、综合性、多元化话语研究逐步形成。

　　总的来说，科学修辞学的产生得益于三方面因素。

　　第一，新修辞学的直接影响。新修辞学将修辞的作用渗入各个学科研究领域，当其他学科发展遇到瓶颈时，借助修辞学名义进行的研究往往可以另辟蹊径，这也是科学修辞学产生的必要条件。科学活动也不例外地被引入修辞学，科学修辞学的发展使得科学、哲学、修辞学等学科互相渗透、互相促进，吸收了彼此的新思想、新成果，突破原有的知识结构、扩展研究视野、构建新的学科体系。"科学"是当代修辞学研究中的高频、高中心度关键词，修辞与知识的生成之间的关系成了修辞学研究的热点问题。"science"
和"knowledge"的出现频次、中心度等数据均处于修辞研究领域
前列（见表1.2）。20世纪中叶之后，欧美学术研究领域中的后现
代主义思潮不断扩展，这极大地推动了科学思想对知识起源与生
产过程的关注，并由此触及对社会建制基础上科学交流及其与科
学相关的社会文化方面的思考。随着科学哲学"修辞学转向"运
动和修辞思维的扩展，"科学修辞"概念认识得到了深化：科学思
想和知识不再被看作恒定的，而是被认为是科学共同体内部交流
和论辩的结果。科学话语也是充满辩论性、策略性和修辞性的，
修辞分析不仅被运用于科学知识的表述和论辩中，同时也深入科
学研究的认识论研究中，参与到科学知识的建构过程中，本质地
存在于科学语言里。[1]

表1.2　基于SSCI（2004—2013年）的西方修辞学研究领域的高频关键词[2]

序号	关键词	词频	中心度
1	rhetoric	443	0.02
2	discourse	291	0.07
3	politics	203	0.14
4	identity	174	0.15
5	policy	173	0.03
6	science	146	0.07
7	communication	137	0.04
8	management	127	0.12
9	gender	121	0.09
10	culture	104	0.05

[1]　参见刘亚猛《西方修辞学史》，外语教学与研究出版社2008年版；鞠玉梅《解析亚里士多德的修辞术是辩证法的对应物》，《当代修辞学》2014年第1期。
[2]　李红满、王哲：《近十年西方修辞学研究领域的新发展——基于SSCI的文献计量研究》，《当代修辞学》2014年第6期。

续表

序号	关键词	词频	中心度
11	education	101	0.03
12	power	97	0.16
13	discourse analysis	94	0.10
14	media	94	0.07
15	knowledge	92	0.13
16	race	91	0.16

第二，哲学思辨和理性主义的局限。自新修辞学以来，修辞本质就是哲学论辩，这与传统修辞学的演说辩论相区别，同时修辞学是归纳方式的思维，而不是传统演绎式的。这使得原本高举纯理性的科学活动被证实是离不开非理性因素的。

研究表明，作为理性主义标杆的逻辑思维，在处理有人参与的活动时并不能尽善尽美，相对而言的或然性因素反而会成为决定性因素或者对整个过程产生重大影响。逻辑学这种人工语言分离于语境、社会、文化、历史、时间，其符号和符号所指、运算规则都是人为规定的，其正确性也是一种逻辑规定。但是现实要考虑的远比逻辑考量的多。将人工语言与自然事物对应，利用创造的规则去运算，得出的结果再次与客观世界对应，我们不能保证这种对应法则的自然原初性，无法保证中间过程中数据的完整性。能够胜任交流解释的模式，必然是修辞式的，即在语境的前提下充分考虑交流双方各种因素和互动而产生的。① "修辞不像逻辑那样具有思维的确定性，而是更多地指向文本的不确定性意蕴，这种不确定性开放了逻辑认识的边界。"② 修辞批评被赋予了在社会生活中甄别事物、揭示真理和创造知识的能力。因此在科学研究

---

① 刘亚猛：《西方修辞学史》，外语教学与研究出版社 2008 年版，第 325 页。
② 毛宣国：《修辞批评的价值和意义》，《湖南师范大学社会科学学报》2008 年第 4 期。

问题中，逻辑与修辞的关系可以理解为装满一个容器，光有大块的石头是不行的，还需要有细小的沙子。

第三，20世纪哲学"三大转向"运动的影响。正是在"语言学转向"（linguistics turn）、"解释学转向"（interpretive turn）及"修辞学转向"的不断运动过程中，修辞学作为一种具有重要意义的方法论，在一定程度上再次明晰了自身学科的意义和功能。"语言学转向"时的科学修辞学存在广义与狭义的理解。第一个层次上，修辞作为一种非经典逻辑，可以将研究内容涵盖于整体的修辞学视野之中；第二个层面，仍将修辞学作为一种话语实践和分析工具，从而将其限定于特定的语境之中。而第一个层次的理解削弱了修辞的特殊价值，第二个层面却将理性等概念与修辞产生了一定程度的决裂。[①]"解释学转向"中，修辞学逐渐发展为一种元理论层面的修辞诠释学，通过对科学文本的特定分析来协调理性的"理由"（reason）和修辞学的"有理由"（reasonable）。而带有明显后现代特征的"修辞学转向"使得科学理论研究中的修辞策略成为研究热点。

至此，科学修辞学才真正产生。

第二节　科学修辞学研究趋向

随着20世纪语言哲学、新修辞学的滥觞，修辞作为一种方法论工具被扩展到其他研究领域。尤其是在科学理论研究中，修辞策略分析的影响名价日重。维切恩斯（H. A. Wichelns）关于修辞批评中语境模式的研究，在早期科学修辞学研究中占据重要地位。基于对其观点理解的分野，科学修辞学产生了不同的研究趋向。

---

① 郭贵春：《科学修辞学的本质特征》，《哲学研究》2000年第7期。

一 修辞辩证法的语境模式

在"语言学转向"和"解释学转向"中，修辞被重新采纳为科学理论研究的工具，逐渐形成了关于科学思想的修辞分析，这正是科学修辞学最早的研究模式，同时也是科学解释范围内修辞分析产生的萌芽。

而从工具论的角度讲，修辞不具备高于其他解释工具的地位，所以早期修辞分析总是伴随着文学的、统计的、历史的、社会的等其他解释工具出现，作为一种辅助性质的方法工具参与到科学研究和论争过程中。例如，针对伽利略思想中数学模型应用的修辞分析，就必须考虑到历史与政治环境、社会背景与宗教信仰、文学语言等方面的因素。这种理解对科学研究中的语境做了狭隘的限制：将修辞视作单纯的解释工具时，就要求只考虑进入对象意识中并与解释语境有相关作用的因素，而因为需要同时涉及其他工具层面，这些因素并不能直接地与修辞策略相关。① 简言之，使用修辞工具就需要对"受众"（audience）和"场合"（occasion）等做出严格限定。没有形成将这些因素统一于整体语境层面的认识，导致了修辞学的早期研究模式更倾向于一种文学修辞批评的继承，或者说是在科学理论研究领域中对新亚里士多德主义和新工具论的移植。

维切恩斯在研究修辞辩证法（rhetorical dialectic）时，提出了文本内部语境（internal context）研究模式，这给早期科学修辞学研究很大启发。需要指出的是，维切恩斯所言的并不是一般哲学意义上的辩证法，而是指在言语行为中，参与者阐明观点时所使用的话语逻辑，即修辞行为的内在张力或依赖条件。这种对修辞的理解，在比彻尔（L. Bitzer）的修辞情景论中表现为情急事态

---

① Jasinski J. , "Instumentalism, Contextualism, and Interpretation in Rhetorical Criticism", in Gross A. G. and Keith W. M. eds. , *Rhetorical Hermeneutics: Invention and Interpretation in the Age of Science*, Albany: State University of New York Press, 1997, p. 207.

（exigence）和约束项（constraints），在维切恩斯思想中表现为文本内部语境的辩证法。

　　在维切恩斯语境模式中需要注意两点。首先，他区分了修辞批评与传统论辩修辞，并对传统修辞要素进行扩展。例如，他拓宽了修辞要素中时间的广度，以时间段概念"时期"来替代时间点概念"日期"，将修辞学研究维度从单纯时间点上的文本修辞扩展为一定时期范围内的对象修辞和关系修辞，这极大地增强了修辞与语境的关联性。其次，维切恩斯强调修辞批评中文本和语境的关系问题。他认为，其他因素实际上是作为一种内化的语境因素存在于主体和客体之间，而正是这种内化体现了修辞研究的特点。[①]

　　维切恩斯的工作促使修辞批评更加关注修辞对象的相关语境分析，使得语境问题成了修辞研究的基本问题。之后，在修辞的"场合"要素中，语境由一种实体概念扩展为包含精神或意识的，而且修辞批评开始关注研究对象的经济、政治、文学、宗教、伦理等社会背景的重构过程。[②]

　　对维切恩斯思想的不同解读，延伸出两种相对的观点。一方面，像新历史主义那样，时态的编织情节（temporal emplotment）以及比喻意象（figurative imagery）可以产生一种关于语境的有限的、截短的观念理解（narrow and truncated sense）。观点的提倡者和文本被象征性地束缚在语境中，而语境又内化于受众、场合、时间等修辞要素中，在需要时被限定、部分地提取出来。如同量子测量中"观察者效应"（observer effect）一样，这使得修辞被认为是一种语境条件下的限定和释放过程。这过度强调了研究对象、

---

　　①　Wichelns H. A. , "The Literar Criticism of Oratory", in Drummond A. M. ed. , *Studies in Rhetoric and Public Speaking in Honor of James Alert Winans*, New York：The Century Company, 1925, pp. 181 –216.

　　②　Baird A. C. and Thonssen L. , "Methodology in the Criticism of Public Address", *Quarterly Journal of Speech*, No. 33, 1947, p. 137.

语境的修辞性和特殊性，在一定程度上偏离了科学修辞学的科学性本质，进而滑向了修辞目的论和特殊论。另一方面，这种时态的编织情节和比喻意象又从另一个角度构建关于语境的广阔的、有机的观念理解（broader and organic sense）。个体行为是公共整体的片段化呈现，同时也必须在整体的语境中被理解、被接纳。与此对应，文本是语境的产物，语境并不仅仅是包裹在文本之外，而是"浸入"文本中的。① 这种理解弱化了修辞的地位，将修辞这一概念语境化地内含于修辞过程的诸要素中、作为科学研究的根隐喻和基本属性，走向一种修辞功能论。正是在这种功能论的基础上，逐渐凸显出语境的重要作用，并开启了科学修辞学的语境论转向并最终促成了现代科学理论中修辞分析的产生。

二　修辞目的论和特殊论

以维特根斯坦后期思想为代表的语言哲学，将世界、对象理解为一种语言分析和构造的结果，行为表述和理论传播无法脱离语言。在科学研究中，这表现为对科学理论、科学语言的重视。加之前述的对维切恩斯语境模式的第一方面理解，导致了一种带有明显片面性的研究趋向：科学是以修辞为主要方式和目的的构建过程。

可以说，修辞目的论和特殊论导致了传统科学修辞学概念的部分瓦解。过分突出修辞核心地位使得科学等概念不能够受到正常的分析，不消说走向一种开放式研究，就连基本的修辞分析都存在困难。这促使科学修辞学概念困于语言学研究中无法自拔，并且在一段时期内终结了正统的科学修辞学研究，如图1.1所示。不过这也为科学修辞学后来的进一步发展提供了契机。

---

① Jasinski J. ，"Instumentalism, Contextualism, and Interpretation in Rhetorical Criticism"，in Gross A. G. and Keith W. M. eds. ，*Rhetorical Hermeneutics：Invention and Interpretation in the Age of Science*，Albany：State University of New York Press，1997，pp. 199 – 200.

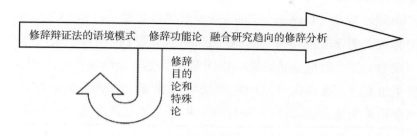

图 1.1　科学修辞学研究进路

　　一些研究体现了这种修辞目的论。例如，较其前期研究而言，坎贝尔后期对达尔文进化论思想的修辞分析，带有一定的目的性。可以从两种角度理解他后期研究的变化：第一，视其为一种理论和概念的新发明。后期解读策略的变化实际上是解释理论标准和概念的调整，这种再概念化（reconceptualization）过程复原了达尔文的文本及其修辞策略。第二，可以将这种变化视为坎贝尔对其"文化语法"（cultural grammar）的应用和扩展，是他对达尔文文本与社会语境的再思考与再语境化（recontextualization）。不论哪种理解，坎贝尔依赖前期研究的积累，挖掘出隐含于达尔文思想中不易被发觉的修辞因素，并在对这些因素的再语境化过程中决定了其修辞研究的走向。① 这类似于在科学实验中，只关注和保留与预想结果一致的数据，不能真实和客观地反映实验过程。或者说类似于 SSK 思想中，对科学的社会建构层面的研究结论。巧合的是，这部分思想正是科学修辞学初期发展的重要理论来源。所以不难理解，拉图尔和伍尔加在《实验室生活：科学事实的社会建构》中，将科学活动归结为共同体内部协商、理论构建的过程。

　　此外，伴随着修辞目的论认识，修辞学家习惯于将语境理解为

　　①　Jasinski J. , "Instumentalism, Contextualism, and Interpretation in Rhetorical Criticism", in Gross A. G. and Keith W. M. eds. , *Rhetorical Hermeneutics*: *Invention and Interpretation in the Age of Science*, Albany: State University of New York Press, 1997, pp. 216 – 217.

修辞要素的特殊表现，进而发展为一种语境模式的特殊论（particularism in mode of contextualization）。例如布莱克（E. Black）认为，修辞和语境分析都是有针对性的，即使后续分析能够给出与作者一致的解释，但也会受到包括特殊场合、受众等语境条件的制约。换个角度讲，这种高度制约的语境可以理解为修辞分析针对特殊场合和受众而有意设计的一种反馈。① 布莱克试图在这种特殊论立场上侧重语境模式的研究，也就是对文本语境（text context）或者后来卢卡斯（S. E. Lucas）思想中语言语境（linguistic context）的关注：“每一个修辞文本都处于特殊的语言语境中，具有它独特的词汇、规定、习语、方言等。尚未理解语言在特定时间和社会中的作用时，我们不可能探求文本的意义或描述其内在张力。”② 文本并不是简单地束缚于语境之中，语境也不是仅仅包裹并限制文本的，经过精细化、特殊化处理的语境状态渗透进文本之中，它们是同质一体的（consubstantial），或者说一种互文隐喻（intertextual metaphor）和密不可分的交织状态（inextricably interwoven）。

修辞目的论和特殊论在一定程度上推动了对科学理论研究中修辞地位、价值的认识，尤其是使得语境作用逐渐显现出来，③ 但是，这种思路在逻辑和现实表现上都存在弊端。第一，在科学理论研究中，预想结果应当是双向或多向的，而不是前定的，其证明或反驳预设的概率不一定严格对半，但至少都是存在的。我们可以预设基本语境参量（contextual parameters），但并不能由参量间关系而推知并预设作者的目的，否则就打破了科学理论研究结果趋向的平衡性。例如，为了回答以太存在问题而进行的迈克尔逊—莫雷实验（Michelson-Morley Experiment），如果怀着以太确实

---

① Black E. , *Rhetorical Criticism：A Study in Method*, Madison：University of Wisconsin Press, 1965, pp. 39 – 41.

② Lucas S. E. , "The Renaissance of American Public Address：Text and Context in Rhetorical Criticism", *Quarterly Journal of Speech*, No. 74, 1988, p. 248.

③ Campbell J. A. , "Scientific Revolution and the Grammar of Culture：The Case of Darwin's Origin", *Quarterly Journal of Speech*, No. 72, 1986, pp. 351 – 376.

存在的目的性去完成实验，将会对数据有主观选择性，并最终干涉甚至否认实验结果。第二，不能因为语言和修辞的重要性而否认逻辑基础，即科学理论研究所依赖的理性和必然性。修辞可以加速科学解释过程，引导其社会价值和意义影响，但不能在本质上改变科学的逻辑真值。第三，对修辞目的性的过度关注导致了修辞分析行为的偏离。正如冈卡所言，修辞目的论将维切恩斯发掘的文本和语境辩证法潜移默化地预设在解释者的意愿和设计中，这就是说，只有通过修辞目的的调节，语境才能在解释过程中显现并产生作用。结果导致，一旦确定了修辞目的，目的就会引导修辞过程，而语境因素和语境模式却隐藏于背景当中。① 这使得我们不能清晰地分辨语境中解释行为的客观性和解释者目的的主观性，例如，我们无法分辨坎贝尔的修辞分析，到底是达尔文本身的修辞目的，还是坎贝尔对达尔文思想的目的性重构造成的。总之，修辞目的论和特殊论过度关注修辞策略、修辞分析者的设计和目的性，曲解了文本与语境的关系，导致了对修辞地位的过度推崇，反而削弱了修辞分析的解释效力。

三　修辞功能论

经过近一个世纪的发展，修辞学的学术价值得到承认，但是仍旧面临着许多困难：首先，修辞学无法完全挣脱非体系化、偶然性和或然性等标签的束缚，不能独立为一种超越传统分析方式的工具。正如前文所述，以修辞学为基础的科学辩证法虽然为形式逻辑和相对主义的困境提供了崭新的出路，但是其走向了一种目的论极端。尤其是在科学实在论和反实在论的论争中，过分强调修辞等或然性工具因素的作用使得研究视角过于狭隘，这使得科学修辞学并不能完全展现出优于社会分析、逻辑分析、语义语用

---

① Jasinski J., "Instumentalism, Contextualism, and Interpretation in Rhetorical Criticism", in Gross A. G. and Keith W. M. eds., *Rhetorical Hermeneutics: Invention and Interpretation in the Age of Science*, Albany: State University of New York Press, 1997, p. 206.

等分析方式的特征。并且，这种趋势不仅使得修辞学对自身学科定位模糊，而且对于解决科学哲学层面的元理论问题并没有提供有效帮助，如果局限于一种"事后分析"方式，科学修辞学将脱节于自然科学、科学哲学的进展，并无法与当代新兴的理论问题产生较好的互动作用和解释效果。其次，科学修辞学仍在苦苦寻求一种系统纲领。它在模糊了科学主义与人文主义界限之后，对于如何构建一种自身特色的完整系统，依然步履维艰。①

修辞学家逐渐意识到，修辞目的论要么将科学修辞学限制于狭窄的研究域面，要么将其放任于零散研究之中。这使得科学修辞学在理论综合上难以统一，长此以往的态势招致了学界对科学修辞学自身学科性的质疑，并引发了关于科学修辞学发展方向与前景、学科性质与定位等一系列争论。② 这次争论达成了一定共识，使得修辞学转向一种温和、理性的修辞功能论，即将修辞内化为科学的基本属性和功能，将科学修辞学的研究对象从科学活动中的修辞现象转变为带有修辞色彩的科学对象。在此基础上，探讨科学修辞学与语境论的结合研究成为可能。

20 世纪末关于科学修辞学的争论中，格罗斯、冈卡、勒夫（M. C. Leff）、富勒（S. Fuller）等修辞学家开始寻求元理论角度的科学修辞学研究，基本达成以下几点共识：（1）当今科学修辞学面临的问题，在微观上表现为过于宽泛的修辞应用而产生的、在具体研究中难以协调的独立性和零散性，在宏观上表现为缺乏统一的研究纲领，没有形成具有自身特色的研究体系。（2）需要重新挖掘修辞批评的价值，逐步提高修辞学在科学理论研究及科学解释中的作用。（3）修辞是科学研究的内在属性，它通过人类参与的科学理论构建和发明、科学争论和交流等形式表现出来，具

---

① 甘莅豪：《科学修辞学的发生、发展与前景》，《当代修辞学》2014 年第 6 期。

② Gaonkar D. P. , "The Idea of Rhetoric in the Rhetoric of Science", in Gross A. G. and Keith W. M. eds. , *Rhetorical Hermeneutics：Invention and Interpretation in the Age of Science*, Albany：State University of New York Press, 1997, pp. 25 – 85.

有解释科学的功能。①

　　修辞功能论之前，科学修辞学的研究模式可以概括为，通过具有修辞性质的分析方式，研究科学对象表现出的修辞特征，从而证明对象本身具备的修辞性。这些工作最终指向了一点：科学的构建、传播、解释、影响等，都不是单纯逻辑化和公式化的，它们都在一定程度上与修辞相关。② 修辞功能论认为，修辞性是科学活动必备的属性，由此，截断了看似成果丰硕但实际上对修辞学学科建设并没有实质意义的部分研究模式，为新研究模式的确立和发展扫清障碍。

　　在此基础上，科学修辞学研究要么是对科学研究的元理论修辞分析，逐渐演变为修辞诠释学；要么是在具体对象中，探讨如何使用修辞策略的案例研究（case study）。然而，由于修辞已经内化为科学的基本属性和功能，这就在一定程度上消解了修辞与科学间原本的关联，使得修辞学要么是模糊的，要么是零散的。这也是为何佩拉（M. Pera）和普莱利等能够构建完整的修辞分析理论，却难以在其具体分析中应用和体现。也就是说，修辞功能论将科学修辞学拉回理性层面，却从目的论极端走向一种模糊性和复杂性。

　　20 世纪最后十年，是科学修辞学发展最蓬勃也最迷茫的时期。对传统修辞批评中修辞尊崇地位的推翻，带来的是修辞情景性的缺失，而不是重拾维切恩斯修辞辩证法的语境模式。③文本分析和案例研究的兴盛，使得科学修辞学内部的抽象化概念争论向具体案例转移。同时，形式和内容、内在和外在、文本和语境等关系，继续在元修辞学层面讨论，却仍包含特殊论

①　Gross A. G. and Keith W. M. eds. , *Rhetorical Hermeneutics：Invention and Interpretation in the Age of Science*, Albany：State University of New York Press, 1997, pp. 1 – 22.

②　Herrick J. A. , *The History and Theory of Rhetoric：An Introduction*, Boston：Pearson, 2013, pp. 195 – 196.

③　Leff M. C. and Sachs A. , "Words the Most Like Things：Iconicity and the Rhetorical Text", *Western Journal of Speech Communication*, No. 54, 1990, pp. 252 – 273.

的影响。① 修辞功能论为科学修辞学繁荣做出了巨大贡献，而面对新问题，我们需要重新并且慎重地思考语境和文本之间的关系，从而加深对修辞学的理解。科学修辞学亟需一种纲领性研究思路来构建一种基底和平台，协调元理论角度的科学修辞学，并统领其零散于具体案例分析中的修辞性，形成一种新视野下的研究进路。科学修辞学的这种内在需求，最终在与语境论思想结合研究的过程中实现。

四　科学修辞学研究走向的特征

科学修辞学在 20 世纪末取得了长足进展，它更新了我们对科学理论的构建、科学发明的创造等方面的认识，同时，其自身发展经历了一些变化。这些变化一方面受益于科学修辞学研究的逐步繁荣，一方面又预示着新的问题不断涌现。

其一，当今科学修辞学研究地位不同于以往。近代科学以逻辑演绎和自然事实为依据，以真理性、准确性和客观性为标杆，难以接纳带有或然性的修辞分析方式。然而，两次世界大战的硝烟使人们注意到，科学主义并没有为社会问题提供行之有效的解决办法，单纯追求客观性而忽视社会性的思想存在很大弊端。随着科学传播工作的进展、科学哲学对科学的社会属性的发掘，修辞分析方式逐渐进入了科学理论研究的视野。在这种情景下，科学修辞学逐渐成为科学理论研究领域、科学哲学研究领域的热点。

其二，科学修辞学研究主体的构成更加复杂。科学修辞学最初作为科学文本的文学批评形式，早期研究者以新修辞学家居多。随着科学哲学的"解释学转向"和"修辞学转向"，科学哲学家开始使用修辞视角研究科学哲学问题。当今越来越多的社会科学与

---

① Warnick B., "Leff in Context: What is the Critic's Role", *Quarterly Journal of Speech*, No. 78, 1992, pp. 232 - 237.

自然科学学者认识到，学术研究的方法、程序和语言，在本质上都是修辞的。尤其是科学家的辩护要符合修辞方法，他们对研究项目的选择、研究方法和路线的决定、基本原理的陈述等都带有明显的修辞特征。[①] 在科学活动中自觉使用修辞的自然科学家，与注重科学文本批评的新修辞学家、对科学问题比较敏感的科学哲学家等，组成了当今科学修辞学研究的主体。

其三，科学修辞学的研究风格和模式受到了语言学和新修辞学、哲学和社会学、文学批评和传播等学科的交叉影响，多元的研究者将风格迥异的研究模式模糊地囊括其中，使科学修辞学研究形成多样化、复杂化的发展趋势。首先，通过文本分析（text analysis）和案例研究两种主要研究方式，不同修辞学家形成了有代表性的科学修辞观点。其次，从研究思路上来讲，当今科学修辞学存在三种基本研究路径：一是在理论推演的基础上对观测、争论等做出评述；二是 IMRaD 式研究（Introduction，Methods，Results and Discussion），常见于自然科学的实践分析，特别是在生物学、物理学等领域，同时也会出现在一些经济学问题的分析中；三是问题解决式研究，即提出问题的背景和目的，研究问题的可能解决方式并进行相关修辞评估。[②]

就目前的研究形势和状况而言，寻求一种融合式研究纲领和研究路径，以适应科学对象的新进展、协调当前修辞研究出现的问题并统领未来发展，是科学修辞学所必须做出的抉择。学界关于科学修辞学自身的学科基础、核心的研究方法和策略、研究的意义和有效性等问题上，一直没有形成统一、独立的研究范式。

科学修辞学发展越繁荣，其寻求一种融合式研究的需求就越

---

① 温科学：《20 世纪西方修辞学理论研究》，中国社会科学出版社 2006 年版，第 100 页。

② Pérez-Liantada C. , *Scientific Discourse and the Rhetoric of Globalization The Impact of Culture and Language* , London：Continuum International Publishing Group, 2012, p. 55.

强烈。这是因为，无论是简单划分为科学文本分析与案例研究，还是按照研究思路划分为上述三种研究模式，都在一定程度上限制了科学修辞学的发展。文本分析和案例研究只是在侧重上有所区别，在实际研究中并不是截然对立的。比如，科学修辞学的科学文本、科学争论以及科学实验等方面的研究都是相通、相容的。科学文本是各项研究的主要载体，科学争论是推动科学进步的主要交流模式，科学实验是判定科学理论和模型的重要标准，它们并不是各自完全独立的研究和解释方式，而是在一定语境下融合的。并且，那三种研究思路的划分，第一种侧重于文本分析，带有明显的修辞性；第二种由涉足科学修辞学的科学家引入，沿袭了自然科学研究方式，带有强烈的逻辑性；第三种是哲学研究方式，强调思辨性。然而我们并不能简单地将这三种层次区分开来、划定先后顺序和等级，因为在科学修辞学研究中，它们往往是并存的、同时出现和相互影响的。此外，考虑到科学修辞学研究的交叉性，以及其研究域面的扩展、研究队伍的壮大、研究水平的深化，我们不能再用传统的分类方式对其进行严格的划分。

语境论思想的发展和应用使得科学解释有了更加广阔的支持和新的理论增长点，走向语境融合研究的科学修辞学是最有前途的趋势之一。首先，语境论是一种融合性的研究趋向，它在科学理论分析和实践研究中结构性地引入了历史和社会的成分，并继承了语形、语义和语用分析法的特点，能够很好地适应科学修辞学的融合式研究需求。其次，事实上，科学修辞学与语境论思想结合并不是件难以操作的事。部分修辞学家已经开始着手将语境论观点引入科学修辞学中，尝试改变以往的传统修辞学观点，构建一种语境论的修辞分析模型。[①] 还有一些学者从修辞分析的某一研究方式入手，探讨使用语境论思想丰富修辞分析的可能性。最后，

---

① Rehg W., *Cogent Science in Context*, The MIT Press, 2011, pp. 138, 241, 266.

我们研究发现，当今修辞分析面临的主要问题，如修辞分析的静态性与科学研究动态需求的矛盾、案例研究零散性现状与理论综合的困难、修辞分析的滞后性与预见性问题等，均能够在语境论视野下得到一定程度的解决。

第二章 科学修辞学的语境论转向与修辞分析的产生

近代以来，诸多学术研究流派都追求一种复古的"回归潮流"，比如马克思主义哲学中的"回归马克思"等经典论述，这并不是为了再次回到原点，而是寻求在学科发展过程中可能遗失、遗漏的关键问题。

修辞学近三十年的进展中，出现了一种"回归语言学"的研究趋势，这种趋势被认为是一种对现实问题的回避，但实际上这种趋势在某种程度上抛弃科学话语中理性部分的同时，通过另外一种方式重构了科学理性。这也就是我们所说的，通过重新思考科学活动所牵涉的语境因素来剖析科学对象的新的修辞研究方式。

这种研究进路实质上就是一种修辞学研究范围内的语境论转向。科学修辞学在经历了文本批评、目的论和特殊论、功能论等研究模式后，结合语境论转向，逐渐在科学解释范畴内构建一种修辞分析，逐步形成了有影响力和特色的研究模式。它是对传统修辞批评模式的继承，也是对科学对象、修辞策略和语境三者关系的重新梳理，并为科学主义和人文主义、理性主义和非理性主义的对立提供了一种融合的研究平台。在修辞语境基础上统一的语形、语义和语用分析法，也促成了这种科学修辞学走向一种语境论转向。

当我们注意到科学修辞学的语境论转向问题时，最先要着手解决的就是这种转向的可能性。这首先是基于科学哲学研究中语境论思想和语境分析方式的成功应用。当修辞学通过回归语言学而再次关注语境问题时，上述模式对其研究产生启发，引发了语境与修辞关系的论述。其次科学修辞学自身面临着一些问题，并朝着一种融合趋向发展。而语境为这种趋向提供了可能的理论支持。并且，国内外一些学者已经提出这种趋向并试图尝试将语境引入科学修辞学研究，从而完成一种简单的融合研究，但并没有系统和深入研究这种语境引入科学修辞学后产生的变化，也没能从科学修辞学角度单独探讨此问题。另一方面问题在于，科学修辞学在表现出语境论转向后能否成为一种值得坚持的研究方向，或者说两者结合的可行性问题。而通过研究表明，科学修辞学中包含了明显的语境特征，这使得我们引入语境论观点成为一种必然，也使得科学修辞学中对语境的关注成为一种必然。

第一节　科学修辞学与语境论结合研究的可能性

语境论思想作为一种具有横断性分析能力的思维方式，在当今科学哲学研究中发挥了不容小觑的作用。近年来，国内对于语境论的关注使其与具体自然科学问题的结合研究成为一种有影响力的新的研究趋势，语境概念并不等同于语言学分析，它在结合语形分析、语义分析、语用分析的基础上，构建了一种科学哲学研究中对话与交流的基底，从而为一种统一科学解释提供了可能。

而当我们反思科学修辞学研究面临的问题时，不自觉地重新将关注点集中于科学理论研究中的语境因素，并通过这样一种语境分析推动了修辞分析的进步。关键是，语境本身就是来源于语言学的核心概念之一，它与修辞的结合又是那么必然和自然，也正因此使得科学修辞学的语境论转向成为可能。

一　科学哲学中语境论思想的进展

语境论和语境分析法根源于语言学研究。对语境的研究传统来源于语词意义问题的关注。在西方哲学历史上，从康德开始，弗雷格、罗素、维特根斯坦直到奎因和戴维森，他们的研究均表明单独的语境要素是无意义的甚至是不存在的，这些要素需要与除自身之外的其他要素有机关联并形成一定具体而历史化的语境系统才会产生足够的生命力。所以存在经典命题"理解一个句子就意味着理解一种语言"①。因此语境论规定了语境概念和语境要素在复杂系统和结构中的适当性，并且确定了语境系统在历史链条和事件关联中的作用。②

不仅国外哲学家十分重视语境论思想，国内学者也对此产生了浓厚兴趣。例如，郭贵春教授及其团队形成了以语境论思想为核心对科学哲学问题进行语境解释和语境分析的传统。③

科学修辞学作为科学哲学中具有语言学特征的解释和应用，也必然会有语境的参与。如果我们将语境理解为词语、话语之间属性的必需品，那么修辞作为将话语整体与受众产生关联的行为，其中必然包含了语境。这种认识层面的上升和转换，使得语境这部分内容在修辞学研究范围内迟迟没有得到应有的重视。或者说，语境被修辞学家公认为一种基础性的默认状态，即展开修辞研究的前提，而没有单独在其范围内进行系统研究。对于科学修辞学来说，它受到的科学哲学影响要远大于语言学、修辞学的影响，

---

① Glock H. J. , *A Wittgenstein Dictionary*, Oxford：Blackwell Publishers Inc. , 1996, p. 89.

② 郭贵春：《语境分析的方法论意义》，《山西大学学报》2000 年第 3 期。

③ 语境论元理论相关思想参见郭贵春教授的成果，如《论语境》，《哲学研究》1997 年第 4 期；《语境的边界及其意义》，《哲学研究》2009 年第 2 期；《语境论的魅力及其历史意义》，《科学技术哲学研究》2011 年第 1 期；语境分析法元理论思想参见郭贵春教授的成果，如《语义分析方法的本质》，《科学技术与辩证法》1990 年第 2 期；《语用分析方法的意义》，《哲学研究》1999 年第 5 期；《语境分析的方法论意义》，《山西大学学报》2000 年第 3 期。

因此对于语境的研究也就滞后于科学哲学整体上对语境概念的理解和语境论思想的接受。

而科学哲学中所谈论的语境已经不同于传统意义上语言学的语境理解。对于语境的认识，得益于自然科学研究中的语境化表述。例如，玻姆（D. J. Bohm）在论述量子隐变量理论时，会频繁使用语境（context）、语境地（contextually）等词，这使得科学哲学家关注到，语言学层面的语境与自然科学研究语境的关联。虽然语言学层面的语境局限于文本，并不能从根本上回答科学哲学的核心问题，但是科学哲学家将其扩展为一种与研究文本相关的广义语境，比如实验因素、外部干扰、心理背景、社会文化等层面。

实际上，语境论思想真正形成于近半个世纪以来科学哲学界关于实在论与反实在论的论证过程中。最初，科学哲学家试图在解决这种争论中构建一定的平台，使得争论双方能够站在一种共同基础上平等对话。因此产生了一种新的研究和证明思路：通过分析语境整体的实在性，来推断语境中具体要素以及要素之间关联的实在性。如果这一命题得到正面回答，那么，科学实在论就能够对不可观测对象、逻辑倒退等问题和其他饱受批评的因果性问题等进行统一回答，从而完成一种基于语境实在论上的科学实在论辩护。但是如果对这一命题得出否定结论，那么，就必须将语境视作一种形式化的表征系统，以及一种有较强心理暗示和意向性的解释说明过程。这种做法摧毁了实在论产生的基础。所以在这一问题的回答上，科学实在论和反实在论开始重视语境论、语境概念的作用，并且不约而同地对语境分析法进行研究。①

近年来，语境论思想逐渐被应用于社会科学和自然科学研究领域，特别是在科学哲学研究范围内，自然科学问题作为一般科学哲学的具体应用，对这些问题的解释就显得尤为重要。首先，语境论思想在整体上为多样化的科学解释提供了一种融合的机制和

---

①　郭贵春：《语境论的魅力及其历史意义》，《科学技术哲学研究》2011 年第 1 期。

对话交流的平台，并且以此为基底展开的语境论解释，它囊括了传统科学解释的主要优点，弥补了它们在认识论上的单向度问题产生的缺陷，最终构建一种融合型的研究纲领和思路。其次，以语形分析、语义分析、语用分析等为代表的语境分析法，与具体科学问题结合，得出了不同于传统科学解释的结论，产生了新的认识。语境分析法的成功表明了语境论并不是一种无根基、空洞的理论构建，而是具体的、生动的，这种分析和解释路径能够作用于旧问题而不会消解旧的解释，反而为旧的解释之间的碰撞提供理论支撑，并且在这种碰撞中择取了方法论上的实用性以及认识论上的相通性，最终形成了超越传统科学解释的语境论解释。

由此说来，语境论思想作为一种跨学科的研究视角，具有横断性解释能力。语境的这种横断特征表现在四个方面：语境的实在性，比如语境的表征形式、存在过程、要素及其结构等的实在性；语境的统一性，比如语境对静态世界与动态世界、可能世界与现实世界的统一性；语境的渗透性，比如语境对背景分析、历史分析、话语分析、社会分析等的渗透；语境的包容性，比如语境对科学实在论与反实在论、科学主义与人文主义、理性与非理性工具方法、计算主义与自然主义等对立面的包容和接纳。① 这些特征决定了语境对于任一角度展开的研究和分析都是有用的和可接受的，在给定方法界限和认识论趋向前提下，语境成了所有科学哲学研究的价值取向可以单独或者同时讨论、交流、渗透的平台。这也就决定了，伴随语境论形成的语形分析、语义分析、语用分析能够将具体问题置于一种统一的研究基底和平台中，并在此进行系统分析从而将原本分叉的理解融贯成一种统一的解释。

这种解释思路对于科学修辞学来说，不仅在于一种借鉴作用，有助于修辞分析克服自身困难而逐渐形成统一的修辞解释模式，而且在于产生一种与语境论思想结合研究基础上的新的科学修辞

_____

① 郭贵春：《语境论的魅力及其历史意义》，《科学技术哲学研究》2011 年第 1 期。

学研究进路。

二　科学修辞学的融合性发展需求

科学修辞学在科学哲学和修辞学的碰撞中产生，并在科学理论研究活动的方方面面进行了渗透和剖析。但是同时这种对于其他学科的交叉并未给修辞学自身带来真正意义上的"融合"，也就是它自身的发展过程仍专注于修辞性解读，而并没有受到其他外部工具力量的干涉，这在一定程度上保证了修辞研究和分析方法的纯正，但是同时，使得这种研究并不能给出足够广的解释效力。

科学修辞学研究在不断取得存在价值和学术意义的同时，面临着一些困难和问题。"第一、相对主义倾向依然存在。……第二、批判有余，建构不足。……第三、科学哲学研究中的很多元问题，修辞学依然无法解决。"[①] 这是因为，修辞分析等或然性工具并不能取代逻辑分析地位，甚至在某些层面上滞后于语义分析和心理分析的系统性和规范性，并且科学修辞学在批判传统科学解释的同时，并没有以自身为基础而构建一种完整和统一的解释系统。这使得在科学哲学研究中，科学修辞学的作用并没有充分发挥，它对新兴的科学理论和概念的感知程度并不敏感，使得修辞分析理论的转换能力和适用程度进一步削弱，最终导致科学修辞学的进展较为缓慢。

为此科学修辞学开启了新一轮的深化，总的来说就是一种融合性发展趋向。比如，充分挖掘语境概念，并尝试将语境作为一种研究的基地和平台，在这之上对科学修辞学进行合理化发展从而对其解释效力等问题升级。这种认识觉察到了修辞学与语义学的相似性，同时在语言本体的分析之外关注语境的作用，并从一种静态语境模式转换为动态语境模式。再如，将科学修辞学与科学

---

① 甘莅毫：《科学修辞学的发生、发展与前景》，《当代修辞学》2014 年第 6 期。

社会性等结合研究，从而使得修辞性与社会性问题融合，最终仍是关注于科学事实、科学行为和科学过程的描述。这两种做法都摒弃了传统修辞学的闭塞研究思路，或引入其他理论从而提升自身，或将修辞性的光热发挥到其他领域，最终得出了具有修辞性质的解释结论。

我们认为，科学修辞学研究接下来的发展应当注意：（1）不能轻视语境在整个修辞分析过程中的作用，应当合理并协调地处理语境与科学、修辞的互动关系。（2）在科学修辞学中，修辞并不是强力核心，或者说不能脱离语境而作为独立的核心要素。（3）科学修辞学要回归本质并形成统一的研究模式，需要一种新的研究视角、研究纲领、研究基底。

而实际上语境论思想的确为我们提供了这种可能。科学修辞学应当是一种再语境化过程，而不单是对象的重构或现象的修辞重述（rhetorical redescription）过程。后者借助还原"作者语境"而给出修辞分析，不可避免地伴随主观色彩和偶然性，无法给予科学理论足够的解释效力。因此，科学修辞学的研究模式应当是，在给定语境条件下，对包括修辞对象在内的因素的重新组合、发明和构建，通过语境方式重构科学对象的表述语境，从而在不改变逻辑基础和真值的前提下，深化对其理解并加速解释进程。

语境因素在科学修辞学研究中的作用应被重新认识和评估。传统修辞批评、修辞目的论和功能论，均没有恰当处理科学、修辞和语境之间的关系，不能使修辞分析具备复原能力和可检验性。科学修辞学的发展和创新，仍依赖于对现象学、诠释学、符号互动论、戏剧主义、结构主义和解构主义等学说的新理论、概念、模型的引入，却忽视了自身最为根本的语境性研究。近年来，语境论思想得到了长足进展，尤其是在自然科学的哲学问题中，语境模式、语境论解释和语境分析法均体现出独特优势和学术价值。这种趋向表明，从元理论角度对科学修辞学与语境论结合研究是可行的，科学修辞学问题在语境论视野下能够得到很好的说明。

最早试图对修辞与语境进行融合研究的思想出现在维切恩斯于
1925 年发表的《对演讲的自由批评》中。他认为在修辞批评中存
在狭义和广义两种语境模型。狭义的语境模型规定了修辞活动的
主体与文本之间的修辞性关联，并将这种关联置于语境基底之上，
从而将受众、时期、场景等因素包括在内。而广义的语境模型将
修辞主体视为有机整体中的一部分，当且仅当在特定的语境下，
才能使得主体、文本、受众之间产生明晰的联系，从而深化修辞
语境的作用并将其融入修辞文本之中。①

实际上维切恩斯在这里已经明确指出了语境中的修辞活动的整
体性，也就是修辞要素依赖于特定的语境而发生联系、产生作用、
产出解释，从而构建了具体的修辞语境。并且这种修辞语境区别
于语言语境，因为语言语境关注文本的语形与语义解读，而修辞
语境注重文本的劝服和发明策略。不过在科学研究的整体视域下，
这两种语境并没有绝对界限，而是作为整体联系在一起的。② 这种
联系也就是科学修辞学所需要解决的重要任务，同时也是其融合
研究趋向的一种表现。

科学修辞学的融合性趋向已经受到当代科学哲学家和修辞学家
的关注，并且，有部分学者明确指出了语境作为一种融合性研究
的可能，与修辞分析能够产生碰撞火花从而趋向一种科学修辞学
与语境论的融合性研究。例如，亚辛斯基（J. Jasinski）通过分析
在修辞批评中的语境作用，从而认为工具论到语境论的研究思路
在科学修辞学研究中有重要前景；雷吉（W. Rehg）通过分析哈贝
马斯的社会交往理论，从而深化了修辞论辩模式，最终提出一种
科学研究中修辞劝服的语境化研究模式。③

---

① Jasinski J. , "Instumentalism, Contextualism, and Interpretation in Rhetorical Criticism", in Gross A. G. and Keith W. M. eds. , *Rhetorical Hermeneutics*: *Invention and Interpretation in the Age of Science*, Albany: State University of New York Press, 1997, p. 200.

② 郭贵春：《科学修辞学的本质特征》，《哲学研究》2000 年第 7 期。

③ 参见 Rehg W. , *Cogent Science in Context*, The MIT Press, 2011。

然而这些尝试对于语境论转向并未展开细致和系统的分析，在为我们提供了一种研究科学修辞学的新思路的同时，没有为我们进一步提供具体内容和方法上的详细说明，这也对我们的后续探索带来一定困难。但在这一摸索的过程中，我们始终发现，科学修辞学的语境论转向是一种必然的、可行的，而且这种转向能够为科学解释和修辞研究带来巨大的变化和意义。

第二节　修辞分析的语境性表现

实际上，修辞分析已经表现出明显的语境特征。在本质上，语形、语义和语用相统一的语境基底，预设了关系的存在，它演变成多重认知背景间的黏合剂。研究者只有将研究对象置于这种多重语境因素交织的立体网络中，才能全面而系统地揭示其内在本质和意义。科学修辞学的语境特征正是表现在修辞分析的语形基础、语义规范以及与语用学关联上的。

一　修辞分析的语形基础

亨普尔（C. G. Hempel）和奥本海默（P. Oppenheim）提出的DN解释模型（Deductive-Nomological Model），从标准一阶逻辑出发，对科学解释语言进行了语形规定，使得在数学、物理学等公式化程度越高的学科中，其解释语境的语形边界就越清晰。然而，由于人类日常语言系统及解释表述系统的复杂性与模糊性，试图将日常语言转换为逻辑语言，从而在单纯逻辑基础上解决人类思想和其他语言问题的思路是困难的。这在科学解释中主要表现为，相同表述在不同语境和修辞条件下的差异性。正如图尔明所言，文体与内容是和科学知识紧密相连的，正如没有任何一种交流实践可以独立于其表征模式，也不存在一种语言使其在逻辑上是清晰的而同时在修辞上是无涉的。因此，修辞分析行为需要在逻辑基础和修辞策略前提下，注重解释语境对语形表述的指称及其对应关系和意义的限定。

比如，符号表征的语境限定。在弗雷格（G. Frege）、皮尔斯（C. S. Peirce）等的思想中，语词、符号需要在特定语境中才具备意义。同样，科学修辞学对具体公式、模型思想等展开分析时，首先要阐明符号表征及其指称意义的语境限定。其中，符号牵涉两个层次的意义：一方面是其最初使用时所指称的对象，其映射模式为"一对一"；另一方面是其在解释活动中，根据语境条件的不同限定而表现出的特殊意义，其映射模式为"一对多"。并且，科学修辞学中的公式化表达，单个符号所映射的对象以及符号间关系，并不是单纯的逻辑作用。同样的符号，在经典物理学和量子力学中所指代的量就有所差别，在其不同的语境限定下表现出各自的作用和意义。例如，在标准图灵计算模式和量子计算模式中，基于语形表征背后原理的不同，即使我们给出相同的二进制逻辑运算的语形符号，其意义仍有很大区别。也就是说，由于量子力学的态叠加原理，量子位可以处于"0"或者"1"的状态，还可以处于两种状态的叠加态。

再如，科学解释的模型化过程并不是单纯演绎和归纳等经典逻辑形式的，而是在逻辑基础上通过修辞等一系列行为建构而成的。我们通过观测数据并模拟出一定的对应关系，进而在逻辑上给出其表达公式和解释模型，此过程并不能完全依赖公式化和量化结果。这是因为，首先，将数据转化为具有普遍代表性的符号和公式之前，已经包含了一个意义的归纳过程。其次，符号的演算规则，本质上讲，即符号背后所指事物之间可能存在的对应关系，同样也包含了某种程度的意义归纳。由此可以说，在给出任何语形表述行为之前，总会附着多个意义归纳过程，这使得该过程及在此基础上展开的修辞分析，必然会受到其前置条件和语境的限定。

所以说，对于科学对象的修辞研究，超越了静态的科学逻辑范畴，其语形表述总是受到语境条件的限定。这种语境限定性，实际上是在语形表征的基础上，对其构建、转换、运作的规定，同时这也是保证语形表述符合科学和理性范围内可交流、可表达的基础。

二　修辞分析的语义规范

任何科学理论及其解释，都是逻辑和语义关联的结构系统。符号语形是修辞分析的载体，后者还需要语义学层面的进一步表达和规范，在统一的语义模型中语境化地完成分析。在科学哲学史上，逻辑实证主义用精确的概念代替模糊概念，使得解释和待解释物之间确立明晰的关联，从而认识科学的本质并推动哲学进步。这种将哲学任务归结为对科学语言的逻辑分析、用科学的逻辑代替哲学的方法，带有极大的片面性。卡尔纳普（R. Carnap）、亨普尔等后来走向逻辑经验主义的修正，就是因为他们认识到，逻辑表述与指称意义之间、现实表象与本质内涵之间存在差异性和不对称性，需要在科学理论及其解释中强化语义分析方法，使得归纳逻辑和演绎逻辑在语义分析中走向历史的、必然的统一。

在科学修辞学中，解释行为需要解释者和被解释者的能动性参与。这要求，解释者对研究对象有符合逻辑规范、合理的理解，同时这种理解对于被解释者具有一定的说服效力。这两种行为都是在语义学范围内展开的。

首先，解释者对研究对象的语义分析受到语境条件的限制。解释者在构建最初理论过程中，要对测量和观测对象、使用工具和方法、现象描述等给出一个系统的、结构的说明，这涉及科学研究中对象指称与意义的关联、现象与理论的关联、可观测与可表达的关联、可重复性与或然性的关联。解释者需要在逻辑形式及其推演规则的基础上，把握整体语境上研究对象的值域和语义范围，并在给定语境条件下指出其可理解的意义、解释功能以及与现象的关联。

其次，修辞分析的解释效力在很大程度上取决于解释者给出的解释对被解释者的劝服，即二者之间语义的转换和传递性。从整体上讲，对于科学理论和研究对象的解释，除了公理化形式体系的内在特性，同时也存在确定这些理论模型中意向性的外在特性。这种内在与外在特性的一致，才能使理论的意义得到完整说明，从而将理论的创造和建构过程与理论的解释过程统一起来。① 在具体操作上，实际就是使解释者和被解释者在给定语境条件下，其意向性特征达到某种程度的一致。这一劝服目标正是通过修辞策略的作用以及语义学角度的"语义上升"和"语义下降"来实现的。

语义规范使得语形表征的语词和命题与指称对象之间产生必要的联系，赋予修辞分析语义学意义。同时，语义规范与语形基础共同对修辞分析的形式化模式做出了普遍的、可复原的陈述，使得科学修辞学能在共同体内部被验证，并且为解决零散案例研究的统一进程做出贡献。

三　修辞分析的语用关联

传统科学解释理论致力于通过语形、语义分析构建一种体系化模型，忽略了语用分析维度。这使得解释本身成为科学对象、理论知识的某种形式的重述，难以完整和全面地呈现科学解释的结构和本质。例如，前面提到的 DN 模型将关于事实的描述还原为逻辑推理关系，从而能够通过检验逻辑真值来确定科学解释的正确性。后续对此模型的不断修正和补充，在语形和语义的基础上，为科学解释的检验提供了一种系统、统一和模型化的方法。然而，对客观世界中普遍性的逻辑转化，限制了语义分析的表达方式和效果，不能完整映射预测与事实之间关系的语用多样性。并且，语义分析法的还原论倾向，试图将科学概念和理论转换为感官经

---

① 郭贵春：《语义分析方法与科学实在论的进步》，《中国社会科学》2008 年第 5 期。

验层面的命题并依赖经验确证。而这种判定却不能仅限于经验的表现形式，还应重视其逻辑真值、语言表述和经验现象构成的整体语境。例如，"三角形内角和大于180°"这样的命题，需要给出黎曼几何的限定语境，才能使其语形和语义得到完整表达。

科学哲学从"语用学转向"到"修辞学转向"，语用分析的优势逐渐显现出来，而科学修辞学真正将语用维度运用到极致。首先，限定语境下的语用关联，是给出科学解释确定意义的前提。在一个完整的修辞分析中，符号运算、模型运作机制等，都需要在限定的语境范围内执行和理解。例如，在缺乏语境限定的条件下，我们就无法确定量子空间维度的实际模型应当是 3 维还是 3N 维。① 其次，语用效果是修辞分析解释效力的主要衡量因素。科学解释往往使用理论的正确性来评判解释效力，即通过逻辑正确性来检验事实。这预设了解释对实在具有符合或者正确表达的可能性，预设了语言和命题表述与现实表象、实在本质之间的同构性。然而，单纯逻辑形式和语义规范并不是充分的，这种思路忽略了解释行为、解释者和被解释者之间的能动关系。科学修辞学超越了传统意义上的理论建构过程，打破了单纯的主客体模式，强调在语境中符合逻辑、语言等规则条件下参与者的共性特征和对话交流，在科学解释的逻辑价值判断基础上渗透入人的价值取向和主体意向性。

从另一个角度讲，语用特征在科学修辞学中表现为一定的零散性问题。由于方法论和研究视角的差异性，科学解释逐渐走向多元化，在整体上呈现出一种多解释并存的局面。在科学修辞学中这种微观的差异性导致了零散性问题，使得在具体案例中构建的修辞分析与现象的关联替代了理论和事实之间的语境性和动态性，仅仅是存在于特殊案例中理论和事实之间的单一联系，不具备普遍性。这不但促进了科学修辞学范围内修辞分析策略的多样性和

---

① 郭贵春、刘敏：《量子空间的维度》，《哲学动态》2015 年第 6 期。

复杂性，也在一定程度上使得科学修辞学表现出语用性的同时，缺失了统一特质和普遍方法。

在科学修辞学的认识论重建过程中，语用学发挥了重要作用。认识论重建是修辞学与语用学结合研究的突破点，这一过程需要涉及逻辑（logos）、信誉（ethos）、情感（pathos）等修辞要素的统一。此外，修辞形态（rhetorical style）涉及语形学、语义学等层面，既包括修辞论证推理，也包括修辞的系统性和修辞设计的整体性、语形模式和转义、语义转换等修辞学方法论的重建。① 而这些都需要语用学发展的支持，修辞学也要通过语用分析的扩张使得修辞理论不断完备，从而最终推动科学修辞学的进步。

我们认为，能够在多样化语用维度的基础上，构建统一的修辞分析研究基底和研究纲领。语境是解释的出发点，并对解释过程起到持续的作用力，进行修辞分析的标准是：（1）解释自身和解释要素之间，具备逻辑上为真的可能性（逻辑和语形标准）；（2）解释要素与给定语境有某种可确定的指向性和关联性（意义和语义标准）；（3）解释要素所构建的理论，要比其他要素以及另外的表达方式更具有说服力（修辞和语用标准）。这种更广阔范围的语境限定，使得修辞分析在表现出语用特征的同时，体现出修辞分析所依赖的语境性特质。

语境分析法作为一种横断研究的方法论，逐渐渗透和扩张于自然科学和社会科学研究领域中，科学修辞学的语境论转向是这种背景下本能的、必然的过程。语形、语义和语用分析方法在语境基底上的统一，使得本体论与认识论、现实世界与可能世界、直观经验与模型重建、指称概念与实在意义，在语言分析的过程中内在地联结成一体，形成把握科学世界观和方法论的新视角。② 科学修辞学研究中的科学表征、科学评价、科学发明等问题，总是

---

① 郭贵春：《科学修辞学的本质特征》，《哲学研究》2000 年第 7 期。
② 殷杰：《论"语用学转向"及其意义》，《中国社会科学》2003 年第 3 期。

伴随着形式语境、社会语境和修辞语境的参与。语形基础、语义规范和语用关联等语境特征，正是科学修辞学与语境论结合研究的表现。虽然尚未彻底解决零散性等具体问题，但是不可否认，当今科学修辞学、修辞分析法与语境论、语境分析法的结合，将是一种必然趋势。

第三节　科学修辞学的自我超越

科学修辞学清楚地认识到传统修辞学的局限性。最早的科学研究范围内的修辞分析实际上来源于对科技政策层面的修辞解读。这部分先驱者将科技政策分析，尤其是科普工作，视为一种继承传统修辞演说模式的行为。而当时的新修辞学已经将修辞视野下的科学理论研究模式类比为一种法庭论辩。也就是说，前者更类似于古希腊和罗马哲学中的劝说，而后者更强调同一性。但是我们发现，当科学工作转向科普过程阶段时，往往这种跨度会夸大科学理论或者修辞策略的作用以增强劝服效果。[1] 但毕竟科普工作仅仅是科学产出阶段的一部分，而对于整个科学研究来说，无论用何种研究方式和工具方法，都要讲求整体性和完整性。

正如爱因斯坦所说，虽然物理实在是独立于理论和概念之外的，但是当考虑一个理论问题时仍是要在正确性的基础上顾全其完整性。[2] 在科学研究中，除去科学内核部分，修辞学等思维方式和分析视角也起到了重要作用。这种作用归根结底是一种哲学上的语用模式，也就是从维特根斯坦的角度而言的语言游戏。将语言替换为科学理论，那么理论的正确性和完整性也就依赖于一种

---

[1]　Gross A. G., *Starring the Text：The Place of Rhetoric in Science Studies*, Carbondale：Southern Illinois University Press, 2006, pp. 4 – 5.

[2]　Einstein A., Podolsky B. and Rosen N., "Can Quantum-Mechanical Description of Physical Reality Be Considered Complete", *Physical Rev.*, No. 47, 1935, p. 777.

特殊的使用环境，这在我们看来即依赖于特定的语境。

因此可以说，科学方式和修辞方式之间是一种互补关系，两者并不是对抗性的，而是一种有益结合。从这一点延伸，则形成了具备完整解释功能和意义的修辞分析概念，并使其在科学知识的产生、证明与交流过程中扮演重要角色。

一　从修辞发明到修辞分析

科学修辞发明是对科学活动中修辞策略的一种典型性称谓，它并不是仅仅指"修辞发明"（rhetorical invention）这一单个方法，而是以这种代表性术语涵盖了科学理论研究中有关修辞的具体应用，特别是词源的联想、语义的转换、意义的迁跃等分析方式。

"修辞发明"一词并不意味着对科学性的否定。修辞分析始于对科学文本的解读，而科学文本来源于科学实践，在此领域范围内的修辞分析作用力是极其有限的。但是我们要承认科学实践也是一种交流行为，而智力劳动在这一交流过程中就会产生一定的作用。[1] 因此修辞发明是针对智力活动而言的概念，而不是为了挤占科学理性而产生的。

实际上科学理论研究中这种修辞因素的发现主要归功于哲学家，或者说哲学上对于语言学转向的关注，特别是维特根斯坦、奥斯丁以及后来罗蒂等的重要影响。哲学家对对象展开的研究中自觉地考察了与语言学相关的一些因素，而修辞就是其中重要的一环。例如研究表明，在 17 世纪之后的科学研究更加注重团体性，由此产生了与社会现象相似的科学团体，在这些共同体内部和共同体之间的交流中，修辞的作用日益加深。[2]

---

[1]　Gross A. G. , *Starring the Text：The Place of Rhetoric in Science Studies*, Carbondale：Southern Illinois University Press, 2006, p. 21.

[2]　Allen B. , Qin J. and Lancaster F. W. , " Persuasive Communities：A Longitudinal Analysis of References in the Philosophical Transactions of the Royal Society （1966 – 1990）", *Social Studies of Science*, No. 42, 1994.

修辞分析早在 20 世纪初就已经对科学理论研究产生影响，但是直到 20 世纪末以后，这种作用才被发掘出来并逐渐被科学哲学家接受。而这引起的连锁反应使得修辞在其他科学中的作用也被重新认识或发现，例如语言学和文学修辞、哲学修辞、历史学修辞、社会学修辞、经济学修辞等。这种广泛的影响力使得修辞学家开始思考修辞在具体学科以及整体科学角度上的定位问题。

例如上文提到的，传统修辞学在科学领域应用时的完整性问题。而修辞发明这种策略工具同样面临着类似问题，也就是如何从策略层面统一起来，转化为一种系统的解释方法。区别于修辞发明的偶然性，修辞分析利用修辞策略对科学对象做出更好的应用。所以说修辞发明多为文学性创造研究，其在科学或哲学层面可以统一为科学发明的一部分来进行表述，而修辞分析及其解释模式则是科学解释的一种。

但是无论是修辞发明还是修辞分析，两者都注重语境性。这种本质特征也就决定了科学修辞学研究转向语境论的必然性。我们现在提到"修辞分析"一词时，默认已经将科学类比、科学隐喻、科学模型等修辞学研究方法囊括其中。但是这种看似系统的解释方法内部并不完善。而语境作用的发掘，既深化了修辞学研究中科学话语分析，又找到了串联科学修辞学内部问题的关键因素。

由此使得我们寻求一种科学修辞学的语境论转向，并探讨在这种转向中修辞分析自身的发展和变化。由于语境性本身就寓于修辞研究中，因此这种转向作用是潜移默化的。一方面因为我们已经默许了语境在语言学相关研究中的基础地位，因此在具体研究中的语境分析和应用成为一种必备条件而不会单独突出其作用。另一方面在西方科学修辞学研究兴起时，案例分析模式的兴盛使得具体科学问题的修辞研究取得了众多成果，但是相应地在整体层面对修辞分析的考量就有所欠缺，这也使得我们在应用语境性时忽略了整体角度对科学问题的协调作用。但是随着科学哲学的修辞学转向，科学修辞学问题得到了越来越多学者的关注，而其内部的这种语境论转向，也已经开始成为整体层面修辞分析的重要问题。

对于科学修辞学自身而言，语境论转向使得其完成了一种自我超越，这体现在其研究范围、研究深度、整体与部分关系等域面上，特别是相较于传统修辞学或修辞发明，作为一种整体角度而言的科学修辞学和修辞分析逐渐在科学哲学中发挥了重要作用。

二 修辞分析视野的扩展

新修辞学研究兴起之后，修辞学的研究思路就产生了新的变化。面对日益复杂的社会问题，修辞作为人类促进理解、解决分歧以达到社会和谐的有效途径，从劝说转向交往，从说服转向理解，不断更新着修辞学的研究方式和思路。[①]修辞分析试图从传统修辞学中汲取方法并应用于科学理论研究中，实现了从语言分析到科学分析的跨界，并注重从科学文本到科学实践的分析跨度。

而在其发展过程中，我们发现修辞分析将西方修辞学与科学哲学汇流，并"在科学方法、科学文本、科学共同体、科学实验室、数学工具等和科学活动相关的各个方面都进行了批判性的分析，从而融合了科学主义和人文主义非此即彼的二元极端思维"[②]。罗蒂触发了科学哲学的修辞学转向，并在对库恩范式稳定与不稳定问题的研究中认识到：并没有孤立的科学研究方法，真正的科学研究讲求一种多方法、多工具的复合。[③] 修辞分析的这种特征使得其成为解决科学理论研究中非理性问题的关键，或者说成为从整体角度研究科学问题的可能工具之一。

随之而来的是新问题和新的研究视野。修辞分析证实了修辞在科学理论研究中的作用，但是并未证明科学实践活动所具有的劝

---

① 姚喜明等：《西方修辞学简史》，上海大学出版社 2009 年版，第 223—224 页。
② 甘莅毫：《科学修辞学的发生、发展与前景》，《当代修辞学》2014 年第 6 期。
③ Harris R. A., *Landmark Essays on Rhetoric of Science: Case Studies*, Mahwah: Hermagoras Press, 1997, p. xvi.

说性。按照科学修辞学研究思路，科学研究中的实验检验、逻辑和论辩模型、科学研究者个人气质、科学出版物的结构、科学发现与争论模式等问题都具有修辞性，而这些修辞性则需要扩展修辞研究的视野，也就是将修辞分析深入具体科学问题内部层面。

从这个意义上讲，修辞分析已经不再将科学文本视作单纯传递知识的载体，而是进一步分析其中的劝服结构。也就是说，从认识论的角度来说，修辞分析转换了对科学问题的理解，使其转化为一种有意义的修辞建构。① 因此，从修辞分析的角度来讲，认识或知识问题就需要阐明：科学话语和论述相对于其他话语和论述而言如何保证其真理性；理论之间相互支撑作用的知识论结构和功能；科学论辩是不是一种情景化的行为。②

修辞分析进而继续在科学话语、科学知识、科学争论等方面耕耘，并就科学交流问题、不可通约性问题、科学知识的构造与判定、科学争论域面等具体内容展开研究。然而面对修辞学的盲目扩张，其研究方法和模式也饱受批评。首先，修辞学在科学范围内最初的旨趣集中于构建一种解释学元话语或元分析方法，而并不是一种当今追求的话语实践。按照最初的思路，虽然自然科学和人文科学在根本方式上存在差异，但是不能否认科学在解释学视野下作为一种文本知识进行研究和分析的可能。这使科学得到了更加完整和恰当的理解，③ 但是如果按照目前修辞学对话语实践的要求，问题就不再单纯是科学理论能否得到恰当理解，而是修辞应当被摆在什么样的位置，或者说如何证明修辞分析的合

① Gross A. G. , "The Origin of Species: Evolutionary Taxonomy as an Example of the Rhetoric of Science", in Simons H. W. ed. , *The Rhetorical Turn: Invention and Persuasion in the Conduct of Inquiry*, Chicago: The University of Chicago Press, 1990, pp. 91 – 92.

② Harris R. A. , "Knowing, Rhetoric, Science", in Williams J. D. ed. , *Visions and Revisions: Continuity and Change in Rhetoric and Composition*, Carbondale : Southern Illinois University Press, 2002, pp. 181 – 182.

③ Gross A. G. , "On the Shoulders of Giants: Seventeenth-Century Optics as an Argument Field", in Harris R. A. ed. , *Landmark Essays on Rhetoric of Science: Case Studies*, Mahwah: Hermagoras Press, 1997, p. 21.

理性。

修辞分析视野不断扩展，由此引发了 20 世纪末关于科学理论研究范围内科学修辞学学科地位的大讨论。① 修辞学寻求通过跨学科参与到科学与技术研究中，从而获得更普遍的支持，但是这种变体同样受到批评。例如，修辞学的解释能力在科学文本问题的解决上存在两面性，修辞确实对于相关问题具有解释效力，但同时这种解释依赖于修辞学的认识论预设。这使得修辞学家质疑修辞研究的基础，从而主张回到传统修辞批评模式，这显然是一种学科倒退现象。

我们认为，这一场关于科学修辞学的世纪讨论并不是简单反思其学科定位等问题，而是继续引发了关于修辞实在等问题的深入探讨。如果不能解决修辞的实在性问题，或者说不能将修辞在一种认识论基础上构建为实在的，那么修辞分析也将真的成为无源之水、无本之木。

但是问题的关键在于，修辞实在并不是我们传统意义上的实在论问题，或者说，它的实在性是一种依赖于他物表达的。研究发现，修辞作为一种宽泛的研究工具，其本身并不能论证实在特性，但是科学活动中又确确实实存在明显的修辞作用。并且通过分析修辞学的发展历程，我们发现修辞分析的实在特征在根本上是发源于语境的实在特性。而恰恰是这种修辞实在特性"使修辞语境成为修辞学分析的基础，并实现修辞意义的强约定的一致性，最终避免语形、语义和语用分析的各自片面性"②。总的来说，科学修辞学的语境论转向进一步促进了修辞分析视野的扩展，同时反过来它又能够解释修辞学的实在性问题，从而论证修辞视野扩展的合理性与基础问题。

---

① 参见谭笑《科学修辞学方法的反思与边界——从一场争论谈起》，《科学与社会》2012 年第 2 期。

② 郭贵春：《科学修辞学的本质特征》，《哲学研究》2000 年第 7 期。

第四节　修辞分析对科学社会性问题的解读

修辞分析的形成受益于科学社会学的启发和影响，但两者在回答科学社会性问题时形成了不同的解释进路。随着修辞分析对融合研究模式的探讨和构建，它同样可以对科学社会性问题产生解释效果，甚至在一些特殊问题上较传统修辞学和社会学解释更具优势。这种融合研究思路重新梳理了科学与其他学科之间的互动关系，在一定程度上规避了单学科分析的局限性，并将社会分析的部分功能重构为修辞研究域面的社会语境分析，从而为科学社会性问题的完整解释提供了可能。

科学社会性问题源于近代科学产生和发展过程中的社会参与。宽泛一点来说，可以理解为科学理论研究活动过程中所涉及的与社会背景、社会建制、社会动力等相关因素的复杂性问题。尤其在两次世界大战之后，人们在意识到科学的无国界性质的同时，更加注意到科学所受到的社会干涉，这也逐渐成为社会学、哲学和科学思想研究中的热点，并最终汇流成科学社会性问题。

近代科学的社会属性逐渐凸显，社会学分析方式在浸染科学相关问题的过程中产生了不同于以往的理论解释，例如将科学活动作为社会建制和社会行为的解读。这使得科学与社会交叉涉及的基本问题成为研究热点，并且在这种科学社会性问题的解释过程中，修辞学和修辞分析发挥了不可忽视的隐性作用。科学修辞学脱胎于这种作用的觉醒，并试图在一种融合性研究平台基础上超越传统的单学科解释。为此需要回答三个与此相关的问题：科学社会性问题的修辞学视角是如何产生的；对此问题的修辞分析会产生何种解释；修辞分析为科学社会性问题提供了哪些新认识。

一　科学社会性问题的修辞视角

修辞分析与哲学分析、社会分析、历史分析一样，在研究视野上都是有一定限制的，这表明它们并不是科学在某种程度上的扩展，而是在科学基础上一种不同角度的认识和补充。① 修辞分析的产生和发展并不是一种偶然，科学社会学对这一过程产生了深远影响。

（一）从修辞无涉到修辞参与

自启蒙运动以来，尤其是近代自然科学产生初期，科学研究排斥以修辞学为代表的或然性思维工具的参与，并对其贴上了"非理性"的标签。这种科学主义思潮强调科学理论研究不应依赖语言作用而获得结论，否则会使科学活动被理性内核之外的枷锁束缚并阻碍逻辑演绎的推进。也就是说，科学应当是修辞无涉（rhetoric-free）的领域。然而这种观点割裂了科学理论研究的表面与深层内容之间的关联：首先，科学家必须使用语言，这包括专业术语和日常交流语言；其次，言语行为是科学家思想中理性内核的外在体现。科学研究对修辞的顾虑也就集中于修辞行为会由外及内深入，进而干涉甚至曲解科学思想的深层图景。②

从修辞无涉到修辞参与，一方面是由于科学问题日益复杂化，另一方面是受到了社会分析等研究方式的启发。从本源上讲，无论是柏拉图还是亚里士多德，他们并没有完全否定修辞在推理思维中的作用，仅仅是认为修辞推理是较低一级的思维形式，也就是说，它与理性推理并不是"类"上的本质区别。可是因为修辞始于偶然性和不确定性前提，不具备理性推理的严密结构和逻辑

---

① Gross A. G., *Starring the Text: The Place of Rhetoric in Science Studies*, Carbondale: Southern Illinois University Press, 2006, p. 21.

② Kitcher P., "The Cognitive Functions of Scientific Rhetoric" in Krips H., McGuire J. and Melia T. eds., *Science, Reason, and Rhetoric*, Pittsburgh: University of Pittsburgh Press, 1995, p. 48.

规范性，并且修辞推理的结果在一定程度上依赖于受众，因此存在辞藻的过度使用而产生诡辩。同时近代科学对修辞介入的拒斥并没有否认修辞在科学内核之外，尤其是科学交流中发挥的重要作用。事实上，科学研究在追求理性的同时，又需要寻求修辞等手段来促进科学知识的传播和进步。20世纪初科学主义思想继续盛行，但是科学在复杂性社会难题的解答上捉襟见肘。而且科学研究也逐渐由私人科学向公共科学迈进，原本游离于科学理性之外的分析方法随之获得了应用空间，使得倚重社会分析的科学社会学成为一种必然趋势。① 这为修辞分析参与到科学理论研究中提供了经验基础，并且随着研究的不断深入，科学哲学家和修辞学家更倾向于表明，在科学活动过程的每一个步骤都充斥着修辞要素的作用。修辞作为一种补充，特别是在那些新的科学理论和世界观形成初期，当并没有足够强力的证据对其支撑时，表述的优雅、陈述的简洁性、叙事的张力、内容的趣味等就变得越发重要。② 并且，根据佩雷尔曼等的说法，科学家在研究活动中会潜移默化地构建他们需要面对的"一般受众"（general audience），即在科学研究中经受同样科研训练，并且类似数据信息和语境条件能在他们身上产生趋同性结果的人。修辞因此与自然科学研究者建立了明晰的联系，因为他们在进行表述时，需要注意一般受众所需的解释特征，从而使得在科学实践中这部分人能够接纳和支持他的观点。③

科学修辞学在产生初期，就开始以科技政策方面作为切入点，涉及科学社会性问题的修辞分析。而后库恩从不同层次对科学组织、结构和社会建制等方面的研究，引发了科学哲学界对科学社

---

① 温科学：《20世纪西方修辞学理论研究》，中国社会科学出版社2006年版，第93页。

② Feyerabend P., *Against Method*, London：Verso, 1978, p. 157.

③ Perelman C. and Olbrechts-Tyteca L., *The New Rhetoric*, Tranlated by Wilkinson J. and Weaver P., Notre Dame：University of Notre Dame Press, 1971, pp. 33 – 34.

会性问题的高度关注。早期的修辞学思想要么因贫乏修辞的策略性和科学的社会性而导致解决问题的尝试局限于传统哲学的逻辑层面，要么相反，过于强调修辞性而将这些解释囿于对科学问题的单纯修辞性解读。这些困难是由其对科学的修辞性和社会性认识的不彻底造成的。修辞分析继续剖析科学的修辞性，并以科学研究领域为主阵地，将社会性问题同修辞性问题纳入其中，进而在科学社会性问题上发展出一种区别于科学社会学的解释进路。

（二）科学社会性问题的两种解释进路

随着科学理论研究对其他学科工具壁垒的土崩瓦解，跨学科的多样化研究趋势成为一种思想潮流。而对于科学社会性问题的解释，可以归结为两种类型的进路。第一种是将科学社会性问题带入科学以外的其他学科语境中，并在这种语境下的范式、概念、方法等基础上进行分析。社会分析就是这种进路的代表，即将科学社会性问题置于社会层面进行解读，将科学活动解释为社会建制、社会因素、社会地位、社会功能等作用的行为和结果。第二种是将其他学科的研究方法带入科学语境中，在科学领域内分析社会性问题。修辞分析就是这种进路的代表，即在科学范式中使用修辞策略分析，从而对科学对象进行修辞性质的解释行为。

然而差异化的解释进路却存在类似的难题。科学社会学保证了社会分析、社会视角的纯粹性，为它们提供了统一的研究纲领和基底。而当过于突出社会因素对科学活动的影响力时，会对科学问题产生一定程度的消解，甚至可能将科学研究完全社会化。科学知识的社会建构论就是这种极端思路的一种表现形式。相反，科学范围内的修辞学研究并没有形成统一的研究纲领，其研究成果存在零散性问题，这将科学社会性问题带入了风格迥异的修辞分析中。但这也使得修辞分析可能产生类似极端的思想，比如将科学对象完全修辞化、碎片化，将科学问题解释为一种修辞目的论。例如，对《物种起源》的修辞策略和技巧的分析，使得达尔文的形象被塑造为修辞学家而多过科学家，在一定程度上无意识地削弱了其理论的科学理性和逻辑性。

SSK 的社会建构论和修辞目的论难免走向一种相对主义窠臼。这些思路实际上是较之科学主义的反方向极端,两者的对抗体现于认识论上的科学主义和人文主义,方法论上的理性、必然方法和模糊性、偶然方法等。从科学哲学角度讲,侧重于社会、修辞方面的解读,更容易倾向于某种程度的相对主义。如果说科学主义会走向教条,那么相对主义则可能走向虚无主义和不可知论、反实在论,这种连锁反应对于科学理论研究无疑是非常危险的。

朝向任一方向的极端思维都不利于构建合理而全面的解释。科学研究是一项十分严谨的任务,如果没有逻辑和理性基础,理论将不具备产出价值的能力。对于科学社会学来说,将科学问题放入社会语境中进行研究并不意味着科学需要完全社会化。此外,对科学理论及提出理论过程的修辞分析结果,我们尚无法明确区分是解释者的修辞化解读,还是对象本身所具有的修辞特性。科学修辞学并不希望发展为一种将科学理解为类似社会建构的理论,否则修辞分析就没有根基,沦为一种语言文字的表面研究。而如果修辞分析发展为一种孤立于科学实践之外的理论,那么对其自身和科学研究而言都是不利的、不符合事实的。[①]

我们试图在修辞分析基础上寻求一种融合研究模式,从而在某种程度上克服修辞分析的局限性,而这离不开语境平台和基底的构建以及语境分析的参与。同时借助这种融合思路,我们尝试将社会分析的部分内容和功能转化为修辞学研究范围内的社会语境分析,即社会语境重构(reconstruction of social context),由此提升修辞分析在科学社会性问题方面的解释效力。这种融合研究模式回应了对社会分析、修辞分析等的质疑,展现出较传统社会分析而言更好的解释效用。

---

① Lyne J., "Rhetoric in the Context of Scientific Rationality", in Krips H., McGuire J. and Melia T. eds., *Science*, *Reason*, *and Rhetoric*, Pittsburgh: University of Pittsburgh Press, 1995, p. 264.

二　科学社会性问题的修辞分析

科学修辞学坚持在科学范围内解决问题，将修辞分析、语境分析等定位为方法论工具。在处理科学社会性问题时，修辞分析认为这不是寻找科学与社会的中间点，也不是社会学与修辞学的方法论折中。而是在一定程度上将问题所涉及内容还原为科学理论研究中的社会因素，并将它们通过再语境化的方式完成重构，以此协助修辞分析产出趋向完善的科学解释。这种转换表明，在面对科学社会性问题时，社会分析和修辞分析是殊途同归的：它们在问题对象上有相同性，在解释方法上有相似性，在解释结论上有相通性。

这种方式实际上吸收了科学社会学的部分方法，将社会分析转化为语境分析的一种特殊形式，从而能够满足科学修辞学融合研究的需求，使得在面对科学社会性问题时，修辞分析体现并包含了社会分析特征。除了社会语境重构的分析方法，对科学社会性问题的解释更应重视修辞分析的特殊价值。通常来说，科学社会学关注的是问题发展过程中受到的社会影响，进而分析科学事实为何如此；而修辞分析是分析在科学活动中，行为主体是如何利用修辞工具和策略促使科学事实成立或者取得某种意义上的科学胜利的。我们以科学审议问题和科学范式的不可通约性问题为例，来说明修辞分析如何完成科学社会性问题的解释。

（一）科学审议问题

科学审议并不是纯粹客观的行为过程。其中，科学标准的界定起到了决定性作用，而审议参与者的社会和个人因素也至关重要。这些都为修辞分析提供了可能的解释空间。

例如，在核物理学研究领域，当庞斯（S. Pons）和弗莱斯曼（M. Fleischmann）宣布冷聚变（cold fusion）实验成功时，*Nature*、*Science*、*Fusion Technology* 等学术期刊对相关论文的接收与拒收态度泾渭分明。第一，从社会语境角度来讲。冷聚变理论和实验声称能够在较低要求和经济投入条件下完成同热聚变一样的实验效果，并产出相应的经济价值。这意味着，冷聚变突破了热聚变理论近二十年来尚未解决的难题：如何释放核反应的过剩能量，以及如何用一种经济而简单的方式释放这种能量。① 这严重威胁到了当时已经斥巨资建设的以热聚变理论为核心的核能反应设施以及与此相关的经济、科学团体等的利益。例如，仅 1989 年一年，热聚变研究所涉及的经济预算就高达 5 亿美元。② 一旦冷聚变得到证实，所有此前的投入都将化为泡影。因此使得冷聚变在尚未形成成熟和决定性理论时，必然遭到多方面的排挤。第二，从修辞角度来讲。冷聚变理论的论述话语存在歧义性，特别是在语形上，符号的使用与当时已经惯用的电化学（electrochemistry）等学科术语混淆，这严重影响了其理论的说服力。但是最终分析的结果都说明了，当时学术期刊审议过程中对冷聚变一类论文的接收和拒斥现象是有其合理性的，科学审议本身就受制于社会因素的干涉。

再如，牛顿两次光学理论的分析。牛顿分别于 1672 年前后和 1702 年提出自己的光学理论，两者之间并不存在理论内核上的绝对差异。然而第一版本饱受批评，第二次则被接受并使得"整个 18 世纪的物理光学研究都贴上了牛顿的标签"。前后差异表明，在牛顿光学理论的合理性与逻辑性之外，显然存在其他有关键性作用的影响因素。第一，牛顿光学理论的社会语境分析。我们首先要认识到，在近代科学早期的学术环境中，往往是科学家组成的团体决定了科学的成败，比如早期皇家学会的成员决定了"什么是科学"以及"科学应该如何形成"。这种精细化的科学团体及其运作机制实际上是社会的凝缩，或者称作"社会戏剧"（social drama）。

---

① Gross A. G. , *Starring the Text*：*The Place of Rhetoric in Science Studies*，Carbondale：Southern Illinois University Press, 2006, pp. 126 – 127.

② Herman R. , *Fusion*：*The Search for Endless Energy*，Cambridge：Cambridge University Press, 1990, pp. 188 – 212.

在这两个时间节点上，牛顿在皇家学会的社会地位和影响力有天壤之别：第一次理论被审议时，牛顿需要接受以胡克等为主导所制定标准的检验，而第二次被审议时，这个标准实际上是牛顿自己主导的。第二，牛顿光学理论的文本修辞分析。在牛顿第一次提出光学理论时，他与笛卡尔、胡克等的冲突明显。笛卡尔在研究光学时，沿用了很多传统的观点，比如将白光定义为基本光。所以他的观点有创新但仍旧是归于传统光学基础上的扩展。而牛顿在一开始就对传统的原则、方法、观点等进行了怀疑，例如他质疑了白光作为基本光的设定，但他的第一版理论并未给出足够严密的实验证明和证据支持。所以可以说，牛顿第一版光学理论是策略和修辞意义上的失败。而牛顿第二次提出光学理论，即发表《光学》时，使用了明显的修辞方法。牛顿改变了与传统观点直接对抗的做法，转而寻求一种缓和态势：他将自己与传统相悖的观点稍加隐藏，并努力将自己的理论从历史和逻辑角度同前人联系起来。比如他将原来在第一版本中使用的叙事手法修改为一种基于欧几里德式的推理方式，以说明新理论是在传统理论基础上演化而来的。而那句著名的"站在巨人肩膀上"的论述，也是在其第一版本《光学》受到各方面排挤之后，给胡克的一封信中赞颂笛卡尔对于 Sin 角的研究意义时说出来的。此外牛顿还刻意回避了第一版本中受到批评的部分，将这些问题模糊化处理。① 对牛顿两次光学理论表述所使用的修辞策略、词句、语气等进行分析，可以认识到，牛顿思想的转变是一种修辞转变而不是科学意义上的逻辑或理性转变，他巧妙地利用修辞手段降低了与传统光学的直接对抗以及保守研究者的排挤程度。

（二）不可通约性问题

不可通约性存在于科学范式之间，但其产生和理解根源于社会

---

① Gross A. G. , *Starring the Text*：*The Place of Rhetoric in Science Studies*, Carbondale：Southern Illinois University Press, 2006, pp. 71 – 75.

性。范式概念的提出在一定程度上是为了解决默顿（R. K. Merton）科学社会学规范理论的局限性，使科学社会学获得历史性、动态性的解释。默顿所提出的科学社会学理论作为开山鼻祖，对科学社会学研究的规范性等问题做出了说明。但是随着研究的深入，马尔凯（M. Mulkay）等开始质疑科学实践与这种科学社会规范的相容性，认为所谓的科学社会规范实际上是一种修辞词汇而不能在现实中严格遵循，并且这些规范对科学理论的发展和变化过程并不具备足够的解释效力。

当社会学理论不能为不可通约性问题提供有效解释时，我们发现修辞分析有可能填补科学与社会之间割裂的解释缝隙。"修辞分析之所以能展现出解释功能，得益于社会分析的觉醒。甚至可以说，在解决科学优先权等问题时所使用的修辞理论，是与社会分析一样不可或缺的。"① 这些都反映了修辞分析在解决特殊问题时的优越性。从修辞分析角度而言，默顿的科学社会规范存在明显弊端。首先，科学实践的动态性特征与这种规范的静态性难以协调。在科学革命进程中，科学论述和评价标准经常发生翻天覆地的变化，并且科学家的个人因素也会对理论评价与选择产生影响。② 其次，科学社会规范是一种内部的规范性，这使得社会学研究与科学研究隔离。而与此不同，科学修辞学主张科学研究的主体、对象和受众共同构成科学的社会语境，而科学家也会进入科学的发现语境、辩护语境和接受语境中，依据逻辑对理论进行证实并通过修辞提高论述的竞争力。③

库恩在《哥白尼革命》一书中，已经论述到了科学范式之间的不可通约性，并在之后的《科学革命的结构》中正式提出了这一问

---

① Gross A. G. , *Starring the Text: The Place of Rhetoric in Science Studies*, Carbondale: Southern Illinois University Press, 2006, p. 180.

② McAllister J. W. , *Beauty and Revolution in Science*, Cornell University Press, 1996, p. 8.

③ 李小博、朱丽君：《科学社会学与科学修辞学》，《自然辩证法通讯》2006 年第 1 期。

题。他讨论了科学哲学、科学史、认知理论等在回答不可通约性问题时的作用，并认为修辞在学科范式之间的转换问题上具有一定的解释价值。在理论转换的过渡期间，当一个新的范式并未完善而旧的范式也没有完全崩塌时，科学争论需要修辞的参与和推动作用。然而库恩仅仅是指出这种可能性，并没有具体而充分地论述修辞如何能够解决不可通约性问题，这使得修辞分析在该问题域内遭受争议，甚至他本人最后都试图弱化这种解释思路。但是修辞的作用是不可忽视的，并且研究发现，库恩本人以及其他研究者对此问题的回答归根结底仍是一种修辞性质的解释。比如，不可通约性问题曾被理解为语言学层面的"词典转换"（lexicon change）。但是同"语言游戏说"一样，词典转换实际上是语言背后所指意义的转换，以及这些指称之间关系和认识的转换。当这两者发生作用时，就已经不是单纯语言学层面的理解，而是演变为一种修辞活动。

　　而对于不可通约性问题的具体化，则需要科学语境、修辞语境和社会语境的整体参与。例如，物理学家 Balsiger 和哲学家 Burri 将不可通约性问题具体到"经典力学与狭义相对论是否是可通约的"，为此需要考察：（1）两个范式是否在语形上兼容？（2）它们在语义上是否相通？（3）它们在科学实践中是否协调？这实际涉及对语形、语义和语用三个层面综合的语境问题研究。他们认为，即使两个范式在语形上兼容，两者在语义上也可能是不可通约的。例如，牛顿力学可以解释为狭义相对论的一种条件限制下的特殊情况。但是在这一范式转换过程中，它们的理论及其概念在外延广度上产生了变化，词形背后指称的意义也相应地发生改变，例如"质量"在两种范式内表示了对象的不同性质和表达式。更为重要的是，它们在语用上更是不可通约的。不言而喻，经典力学和狭义相对论的应用领域和解释情景大相径庭。①

---

　　①　Balsiger F. and Burri A. , "Are Classical Mechanics and Special Relativity Commensurable", *Journal for General Philosophy of Science*, No. 21, 1990, pp. 161 – 162.

科学修辞学强调了在解释语境基础上对科学的逻辑性、修辞性与社会性的融合，从而促进科学共同体内部问题与外在问题的汇流，最终产出一致的科学认识。上述的研究只能表明范式之间存在转换，但不能解释它们为何需要和如何进行转换。单学科解释显然已经不能满足整体科学视域的需求，因此科学修辞学的融合研究模式将其范围内的分析方法在语境平台基础上加以扩展，不仅充分发挥了原有的理论解释作用，而且改变了对这些问题的认识。

三　修辞分析对科学社会性问题的重新认识

科学社会性问题向来突出社会层面的理解，然而这对科学理论研究、科学哲学研究、科学史研究等产生了一定程度的曲解。这种曲解偏离了科学问题的出发点，即为科学进步服务的宗旨。例如，对于科学发现优先权问题，如果仅停留于关注此问题的社会性而没有回归到科学层面，就并不能对科学产生实际的推动作用。相反，过度关注科学发现优先权问题的研究，会在导向上促使科学研究和科学家注重"承认的知识"（recognizable knowledge）而不是"进步的知识"（advancing knowledge）。其次对于科学哲学研究来说，类似牛顿和莱布尼茨微积分或者其他科学发现，其先后并没有绝对时间跨度的差异性。因此我们是否可以推知，假若只有一位科学家而不是两人同时提出理论，即不存在优先权争论时，对科学整体角度而言的进步性是否有根本差异和影响？所以科学优先权问题是否值得如此大费周章地关注，这对于科学哲学来说也是存在疑问的。最后对于科学史研究来说，优先权争论淡化了那些在优先权确立过程中其他科学家付出的努力和业绩。

科学修辞学对于修辞分析、语境分析、社会分析等方法的融合，实际上是基于解释语境平台上对解释工具的功能性转化和语境重建。这种研究和解释模式，不单单对于修辞学研究自身起到了融会贯通的作用，而且对于科学社会性问题提供了一些新的认识。这首先体现在重新梳理了科学、社会和修辞之间的联系和关系，其次将科学社会性问题拉回到一种融合型解决方案的路径当中，规避单方面分析模式的弊端，并且，这种融合型视角也意味着科学修辞学及其修辞解释模式的逐渐形成。

第一，重新认识科学与社会、修辞的关系。修辞分析承认科学是在社会建制上形成和发展的。"社会无法与科学完全区分开，因为科学领域本身就是社会领域中行为产生的结果。"[1] 但是科学并不是不证自明的，在其论争和交流过程中的修辞是必需的。通过修辞的润色，才能使得科学话语"在基于事实证据的基础上表现出吸引力、重要性和真理性"[2]。因此如何统筹社会和修辞在科学理论研究问题上的重叠成了修辞分析需要解决的问题。而我们发现，语境的融合机制不但能够协调修辞和科学，还能够将社会分析方法的部分内容和功能语境化地重构为社会语境分析，从而在没有改变修辞分析研究内核的基础上，扩展了其研究模式并重新梳理了科学与它们的关系。

第二，我们通过前面的论述可以明显感觉到，对于类似科学社会性等交叉型问题，单方面的分析模式已经无法满足解释的全面性要求。在理性和权威这对矛盾斗争中，过分关注社会性问题反而使得视角狭隘，而修辞分析则存在对争论个体因素的过度解读。用传统修辞要素观点来说，在这些问题上社会学侧重了劝服的信誉（ethos），从社会角度分析了争论双方的学术背景、个人魅力、科学信仰等因素；而修辞学侧重于劝服的情感（pathos），从语言角度分析了科学话语的心理和认知特征、类比和隐喻技巧、言辞感染力和说服力。不过这些都应当基于基本的科学理性和劝服逻辑（logos）。在解释问题时，社会分析在回答"解释对象是如何壮

① Latour B. and Woolgar S., *Laboratory Life*：*The Construction of Scientific Facts*，Princeton：Princeton University Press，1986，p. 13.

② Knorr-Cetina K., *The Manufacture of Knowledge*：*An Essay on the Constructivist and Contextual Nature of Science*，Oxford：Pergamon Press，1981，p. 78.

大的"、修辞分析在回答"解释对象是如何规避难题的"等方面有各自价值和意义,但对于科学问题的全局性而言,单纯的社会分析、修辞分析都不能靠一己之力完成,它们需要一种机制达成互补和完善。

第三,修辞分析提供了新的融合视角和解释方式。SSK 对科学社会学采取了一种建构主义态度,并融合了科学哲学中的历史主义、整体论和系统论等思想,对科学知识的产生进行了社会性解读,形成了一种杂糅的"科学的社会修辞学"。这种观点批判了默顿的规范理论,甚至进一步认为"科学的规范结构事实上可被理解为一种用于科学程序和命题的界定与判断过程中的修辞词汇表"①。同时,科学的社会修辞学使得科学理论的建构基于语言和修辞,并通过科学理论研究中修辞策略的发明类比于社会政治因素的控制作用。但是 SSK 的这种思想使得科学社会学研究不能在根本上与科学修辞学研究区分,使得科学的社会性与修辞性混淆于一种历史主义视角下,通过工具化观点将它们的理论特征进行模糊化处理。

相较于传统修辞学,科学修辞学逐渐走向一种与语境论思想融合的研究趋势。这不单是自身学科发展的必然要求,也是对交叉学科和混合型问题的新的研究视角。语境能够起到"一种趋向性的协调与整合的作用,它协调并整合着关于特定研究对象的主体的意向和行为,同时也规范着它们之间知性与理性的关联和取向"②。这种协调和整合作用,使得解释要素统一于一种功能化的整体过程中,从而为修辞分析的扩展提供可能。

在这种研究模式下,我们认为社会学关注社会环境中的结构性因素,而修辞学关注这些社会行为(包括社会学意义上的科学行为)的交互作用,两者是互为补充的。也正是在这个意义上,它

---

① Taylor C. A. , *Defining Science*, Wisconsin: University of Wisconsin Press, 1996, p. 61.

② 郭贵春:《科学研究中的意义建构问题》,《中国社会科学》2016 年第 2 期。

们之间必定存在融合研究的可能。所以说，在修辞学范围内，我们将社会分析的部分方式，通过语境化改造为对科学问题的社会语境重构的做法是可行的。这使得科学社会性问题的解释行为不再是单学科范畴内的解答，而是成为一种跨平台的融合性解读。同时意味着在分析实践领域，科学修辞学的语境论转向得以确立和证明，并印证了修辞分析的崛起。

第三章　修辞分析作为一种科学解释理论的主要问题

统一性和有效性问题作为修辞分析的根本问题，实际上反映了科学主义对于或然性思维方式和方法论工具的抵触，同时这也是解决当今科学解释整体角度向着完整性和包容性发展的关键。两者在本质上也是继承了修辞学和语言学的修辞分析如何回答自身科学性的问题。而由此展开，在科学修辞学研究的具体域面上，又可以分为科学文本的静态分析与动态需求的冲突，案例研究与理论综合的不平衡，科学的科学性、修辞性与社会性问题，修辞分析的解释性与预见性等。

第一节　修辞分析的根本问题

修辞分析在为科学哲学和科学解释增添多元化解释路径的同时，自身也面临着诸多问题。这也致使修辞分析思维至今没有在科学理论研究域面内形成一种普遍公认而又有效和统一的解释进路。修辞学业已成为科学解释的常态化研究方式和分析视角，它对于科学理论的理解和传播、构建和发明等方面的积极作用是毋庸置疑的。而关于修辞分析作为一种科学解释理论的可接受性、劝服能力、效用范围等问题，以及其作为独立研究方向所依赖的凝聚力和学科基础等问题，迟迟没有得到统一解决和达成共识。

当今科学修辞学研究花团锦簇，但现实表象下隐藏的这些问题在很大程度上限制了其理论的进一步深化，并极有可能成为其前进道路上的绊脚石。为此，对修辞分析的主要问题成因、解决方式等进行解析，是迫在眉睫的任务。而在这些研究的展开过程中，语境的作用逐渐凸显出来。

一　统一性问题：不可通约性与相对主义诘难

当代科学修辞学的产生根源于科学范式和共同体之间的沟通不畅。这种不可通约性使得学科之间不存在共同的语言，各自的规范性只能适用于相互排斥的科学团体内部，这对于科学知识的产生起到了阻碍作用。[①] 而修辞学对于消解学科范式之间的分歧具有一定的作用。例如，富勒指出，"只有科学修辞才能帮助不同学科的科学共同体克服语言分歧、实现相互理解"[②]。

也就是说，修辞学应用于科学理论研究范围内就是为了解决科学学科范式之间的统一性问题，但是实际上科学修辞学本身一直没有形成一种统一性解释模式。这首当其冲地导致了对于其自身学科研究方向而言的质疑。修辞分析之所以能够成为解决范式不可通约性问题的方法，原因在于其对不同语言之间交流桥梁的作用。传统哲学思维将语言等概念附庸于逻辑等强理性工具，从而认为或然性因素之间可以通过理性作用得到沟通，这对于同一主题的研究而言能够保证解释的相通性，而且排除了语言等非体系化因素所受到的社会语境因素的影响。但是实际上随着科学社会学的发展，我们不得不承认，在科学理性之外，语言并不是简单跟随在统一的理性行为之后的，而是分别属于特定的语言使用者或者科学共同体，例如科学术语的使用。而且由于语言所受到的

---

① 欧阳康、史蒂夫·富勒：《关于社会知识论的对话（上）》，《哲学动态》1992年第4期。

② 葛岩、吴永忠：《富勒科学哲学思想演化探析》，《长沙理工大学学报》（社会科学版）2014年第3期。

社会语境影响，在科学研究中，也会出现类似地区方言的差异化，从而在一定程度上阻碍了科学范式之间有效沟通的可能。

修辞分析在促进科学解释多元化的同时，对于整体角度而言的科学知识造成了相对主义结果。这种相对主义，一方面是相对于社会学解释等其他解释而言的，实际上也是根源于范式之间研究规范、术语、逻辑等的差异性；另一方面，在修辞学内部，修辞分析方式的不同，也造成了学科内部的相对主义问题。对于后者而言，正是由于科学修辞学的学科交叉特性，它继承了古典修辞学、科学哲学与科学思想史、社会学等学科的特征，这种交叉性在带来了多角度研究视野的同时也产生了必定弊端，最突出的就是其难以构建一种明晰的研究模式。因此"关于这个学科的基础理论、关联学科、核心的研究方法、结论是否成立、研究的意义等问题，则没有统一的认识"①。

并且相对薄弱的修辞分析理论加剧了这种相对主义问题。科学修辞学在 20 世纪末取得了非凡的成就，尤其是在科学文本和话语的修辞分析上。但是随着修辞学研究领域的扩展，如果将科学理论等也作为修辞对象分析，那么就意味着几乎所有的可言说对象都能作为修辞扩展的领域。这也就对修辞的本质和意义产生了怀疑：如果一切都是修辞的，那么要么修辞将作为一种统领一切的思想，要么修辞将毫无意义。而且，所谓的科学文本的修辞研究，如果仅停留在将科学概念和思想重构为一种可交流的修辞话语，那么实际上只是一种修辞重述或者翻译工作，并没有对科学进步产生实际价值。再者，修辞分析并不是一种必然结论，这种或然性分析最终得出了一种并没有比其他分析更有竞争力的分析，那这种修辞研究就会被指责为一种徒劳。例如，坎贝尔对达尔文和进化论思想的修辞分析，并不能证明与此结论相悖的其他观点的

---

① 谭笑：《科学修辞学方法的反思与边界——从一场争论谈起》，《科学与社会》2012 年第 2 期。

错误性，甚至不能证明其自身的优越性。这也就将修辞分析推向了一种可能性、倾向性结论，甚至可以说是为了博得受众兴趣而进行的修辞发明。

对于这种问题，修辞分析采取了一种回归科学的态度。也就是不吹捧修辞学的地位，也不再强调科学对象纳入修辞视野，而是反其道而行之，将修辞借助心理学等具备"科学标准"的学科，优化自身结构，从而能够科学地描绘受众心理状态，从而作为一种修辞工具应用于研究对象所处的学科领域。

虽然从表面上看，修辞分析淡化了对于规范性的追求，但是实际上从学科发展角度而言，修辞分析仍旧需要一种学科研究纲领和基质。如果我们将科学重新还原为一种制造知识的实践活动，那么语境的作用就会凸显出来。因为在产生知识的过程中，科学家会使用到非逻辑和非体系工具，这些受制于社会语境等的因素使得整个科学过程为修辞分析提供了内在空间，并且通过语境的作用串联起来。这使得我们寄希望于语境，试图通过修辞与语境的结合产生一种能够统领科学修辞学的研究趋向，并最终在修辞分析内部形成一种统一性认识。

二　有效性问题：科学的修辞理性与逻辑标准

统一性问题引出了另一个更为致命的问题，即修辞分析的有效性问题。实际上也就是要回答，修辞分析作为科学解释的一种趋向，它对于科学知识的构建和发展而言，是否增添了新的东西、是否比其他解释更有说服力？[①]

这涉及两个方面的深层问题。第一，就是对于此问题的直接解读，也就是修辞分析的优势。自 20 世纪 90 年代以来，科学修辞学取得了很多成果，这些成果有明显的修辞性特征。但是这并不足

---

① Fuller S. , " Rhetoric of Science: Double the Trouble ", in Gross A. G. and Keith W. M. eds. , *Rhetoric Hermeneutics: Invention and Interpretation in the Age of Science*, New York: State University of New York Press, 1997, pp. 279 – 298.

以表明，修辞分析能够将这种独特性转换为区别于其他科学解释的优势。同时，这一问题也就使我们重新回到了对于修辞学本质的思考，也就是有效性存在的基础性问题。第二，就是重新审视修辞分析的理性基础或者逻辑标准，并且通过对它们的分析，得出不同于其他解释的基础和标准，从而证明修辞分析的特征和优越性。

从历史角度而言，修辞等学科一度被贴上了"非理性"的标签。这里所说的非理性是针对强科学概念的理性而言的，但并不意味着修辞等方法论工具不具备论证价值和意义。恰恰相反，以修辞学为代表的学科进一步扩展了理性思维认识，从非体系化对逻辑思维方式进行了拓展，并引发了哲学家对模糊逻辑、语境逻辑等问题的研究。然而不得不说，早期那种非理性标签确实使得在科学理论研究范围内，它们并不能作为一种具有完整有价值的参照工具，也因此使得其有效性问题被尘封。而随着修辞等或然性因素在科学理论研究中作用的发掘，以及科学修辞学研究的崛起，修辞的有效性问题重新被重视起来。这对于修辞学而言是一个正名的机会，对于科学理论研究而言，也是重新接纳或然性因素参与研究过程和结果趋向中受到影响成分研究的新认识。

实际上对于第一方面问题，现在仍旧没有一种完全肯定的回答。纵使修辞学家自认为其研究方式可以说是解决科学范式通约等问题的最有可能的救命稻草，但是对于追求确证的科学研究而言，并不能如此肯定修辞分析的这种优势是否明显存在或者说能够维持多久。特别是以库恩为代表的科学哲学家，在使用修辞分析时的态度晦暗，并没有一贯坚持一种修辞学的研究标准来审视科学和哲学问题。这导致了科学修辞学自身发展的不稳定性，同时也使得科学范围内的修辞分析研究尚未形成一种强力的研究视角和肯定的研究意义。

而对于第二方面的研究则取得了一定成效，特别是体现在直觉和逻辑研究方面上。修辞学的直觉与科学直觉在本质上是类似的。

甚至可以说从某种意义上讲，科学的理论化就在于其本质上是一种修辞发明，并且这种理论化过程通过修辞直觉被理解。因此它可通过修辞学的直觉被理解。也就是说，科学的理论化是通过修辞发明和修辞直觉来实现的。① 同时我们还应认识到，科学的研究过程需要建立在一定的修辞语境基底上。修辞直觉与科学直觉的共性就交织于此，并借助修辞语境使得修辞直觉的产生和作用都与科学产生一定联系。换个角度来讲，对于修辞语境的构建也就是修辞直觉产生的土壤，对这一问题的研究也就能够转换为：修辞语境的构建过程中如何提供了修辞直觉产生的条件并使得这种直觉在之后的过程中最终通过何种机制转化为科学直觉，从而对科学研究活动产生影响？遗憾的是，目前国内外修辞学研究还停留于对修辞直觉的意义探讨上，而对上述问题的具体化展开未做出实质性突破。主要困难在于，这一问题的精细化研究需要立足于真正的自然科学研究视角而不是一种修辞学或科学哲学视角，也就是说，从修辞直觉到科学直觉的转化过程需要自然科学家的现身说法才具备说服力。这实际上反过来也一定程度上削弱了对修辞直觉意义的说明，因为可以预想到未来修辞学研究必定会注重此问题的继续深化。

修辞学家试图通过对修辞分析的逻辑基础和逻辑特征来证明修辞分析的有效性。修辞分析的逻辑基础根源于语言学层面，所以表现为一种模糊性。这种模糊性通过对数学上二值逻辑的扩展，在多值逻辑的基础上建立起来。这不光对于修辞学，对于其他或然性思维研究都大有裨益。而修辞分析相对于其他科学解释来说，在表征逻辑和判定逻辑上表现出明显的修辞特征，这部分内容将在本书最后一章具体展开讨论。

---

① 郭贵春：《科学修辞学的本质特征》，《哲学研究》2000 年第 7 期。

第二节　修辞分析的具体问题域

当我们从宏观角度把握修辞分析的根本问题时，并不等于完全认同其解释的合理性和科学解释范围内的合法性。这是因为，修辞学的研究视角在具体问题的分析中仍旧存在一些自身难以克服的困难。这也正是我们所认为的修辞分析需要进一步深化的研究方向。

一　科学文本的静态分析与动态需求的冲突

科学文本分析始终是修辞学渗入科学的主要研究方式，然而其存在着修辞分析的静态性与科学研究动态需求的矛盾。科学文本分析是指，以科学发展历程中有重要意义的科学话语及其载体为研究对象，分析其中的建构思路、语词使用技巧、修辞效果等问题的修辞性研究方式。修辞分析的研究对象不仅限于静态的文字载体，还需要将科学活动作为一种动态过程整体纳入其中。然而传统的修辞研究不能很好地应用于动态的科学对象上，单纯的修辞分析难以形成动态性研究模式。因此，修辞分析的静态性与科学研究动态需求的矛盾，也就是传统修辞学的分析方法能否适应日新月异的科学发展，如何使其趋向更加合理的动态性解释的问题。

使用修辞策略和方法对科学文本、研究报告等静态对象解析时，的确能发挥显著优势，但当面对动态性过程、用于解释一段时期的科学活动和现象时，修辞分析就存在一定障碍。首先，对于处在科学活动不同阶段的研究对象所采用的修辞手段不尽相同，尤其是对于科学争论这种需要双向或多向修辞分析的对象，必须灵活调整修辞解释模式。而且，针对相同研究对象产生的差异化修辞分析，在当前的修辞学研究域面内是松散的、不可联结的。

其次，科学活动和科学解释不能脱离于科学参与者和语境而独立存在，经过修辞描述的动态对象势必转为静态模式，并伴随一定程度的偶然性、主观性和不可控性。

面对修辞解释模式的静态问题，修辞学家和科学哲学家曾经给出了两种可能的解决方式。一是将科学文本放入广阔的科学语境和社会语境中，二是将与科学文本相关的语境因素等纳入研究视野，作为整体进行解读。然而这两种方式并没有从根本上解决问题。第一种方式走向了一种科学的社会化极端，将科学问题消解于社会性建构过程中，走向了社会学视野中自然科学的意义问题，在本质上偏离了科学解释的科学性要求。第二种方式将动态的研究对象转换为静态的，在此基础上做出的解释难以印证于其原本的动态过程中，会得到类似"飞矢不动"的证明效果，难以令人信服。SSK 等思想流派曾尝试将此两种解决方式结合，将研究对象置于社会语境中，这种整体性文本由单独的文字信息载体转化为一种处在社会语境中的整体对象。然而，从科学活动过程中剥离出来的文本，其范围和语境再怎么扩展也终究是静态对象，这种状态下的解释并不能对原本动态的科学过程产生足够的解释效力。

事实上，传统科学修辞学研究忽略了修辞学的本质，修辞分析偏离了修辞学研究最初依赖的语境性。修辞是动态的过程，它指的是行为而非状态，它的作用是促使某一状态产生和发明，而不仅仅是发现或检验这种状态。[①] 也就是说，修辞分析本就不是静态的分析方式，而源于传统文学批评模式和新修辞学研究模式的传统科学修辞学继承了它们的静态的文本修辞解释模式，并没有根据自身的特殊情况进行调整。所以，问题的关键就在于如何改进现有的研究方法，突破传统的修辞策略和分析方式，找回修辞分

---

① Ethninger D. , *Contemporary Rhetoric* , Illinois：Scott, Foresman & Company, 1982, p. 25.

析的语境性，将修辞分析发展为适用于动态研究对象的解释。

　　我们认为，问题的解决思路不应该是改变研究对象的性质，而应当是改进研究方式和方法，即通过引入语境分析法，与修辞分析相结合，达到动态式的分析效果。之前的研究表明，通过改变研究对象的方式，并不能从根本上解决修辞分析的静态性与科学研究动态需求的矛盾。而由于担心对研究方法的改动会导致修辞性的缺失，修辞学家也没有在这一条思路上取得实质进展。实际上，对研究方法的调整，需要保证修辞性的地位，并在此基础上引入能够与修辞分析相结合的方式方法。我们发现，语境论思想及语境分析方法十分契合修辞分析。

　　科学文本的构建过程从来就不是静止和单一的，科学文本的修辞分析应当是动态的、语境的。科学家可以在不需要过多的外部条件下完成一定的科学实验、数据采集等基础工作，但是要构成体系化的科学理论并完成科学活动的过程，就还需要其他因素的参与。其中，修辞是十分重要的一环。科学理论的进步总是脱离不开哥白尼革命的模式，新的科学在旧科学体系的基础上完善或衍生出新的研究，而这种在纵向上不断革新的发展过程，并没有影响对特定语境下科学价值和意义的理解。例如，拉马克（Jean-Baptiste Lamarck）认为后天属性可以被继承，这种"用进废退"说（use and disuse theory）在后来被证明有明显局限性，然而这并不影响其作为一种有解释价值的理论，使其在适当的语境下发挥积极的解释作用。

　　科学文本分析需要基于修辞和语用的角度被理解，而不仅限于其内容和逻辑结构。科学文本分析是建立在语形和语义基础上进行的，但是其核心是语用维度的修辞分析。科学文本的语言形式和概念符号需要通过语境与特定的意义联系起来，从而对理论产生解释的能力。这就需要对解释中使用的修辞方法进行语形规定，并且在解释语境中赋予其语义的阐释意义，同时通过语用的预设帮助被解释者在不同语境下获得准确的认识和理解。此外，语境的制约、转化、生成等功能以及由此构建的语境分析法，能够在科学文本分析中发挥重要作用。例如，在科学文本分析中，修辞分析应当注重篇际语境分析法（intertextual context analysis）的运用，以解决修辞分析的静态性问题。修辞分析继承了新修辞学的"同一"观点，在分析过程中注重文本内部信息与外部信息、作者与读者、文本因素与社会因素的整体性解读。进行修辞分析时，要构建以研究对象为中心的整体语境，联结案例和其他文本进行研究。篇际语境分析在科学文本研究中有着独特的优势，语境化的科学文本解读更容易让我们接近文本的内在思想。

总之，修辞分析的文本分析方式，既不能局限于教条的规范研究而故步自封，也不能放任那种无纲领状态而毫无章法。语境性是进行科学文本分析时不可忽视的特征，将语境分析与修辞分析相结合，构建动态性的分析模式，有助于解决修辞分析的静态性与科学研究动态需求的矛盾。

二　案例研究与理论综合的不均衡

修辞分析就是研究科学家在关于自然的问题上如何相互劝服和博弈的，也就是他们在构建理论时是如何论辩的，[①] 它更加突出地表现为案例研究。案例研究不拘泥于单纯的文字载体，它涉及文本产生前后、科学话语之外的活动过程及社会影响因素等，往往是以科学家和科学组织、科学事件和行为为研究对象的修辞分析。近年来，案例研究逐渐成为科学修辞学研究的热点方式，但其面临着案例研究零散性现状与理论综合的困难。这一困难实际上就是，修辞学发展至今是否存在统一解释的可能性，或者其研究方式是否具有统一学科基础，修辞分析能不能在一定的基础上得到统一并形成理论综合的问题。也就是如何通过理论革新，使具体

---

① Harris R. A., *Landmark Essays on Rhetoric of Science*：*Case Studies*, Mahwah：Hermagoras Press, 1997, p. xii.

的案例研究能够有相通的基底，这种基底不仅是所有案例研究展开的前提和基础，同时也应为案例研究和其他修辞分析提供理论生长的支撑。

当前修辞分析的案例研究存在着多方面的问题。第一，案例研究可以视作文本分析方式的扩展，但是这种扩展较为有限且存在一定的弊端。首先，将研究对象从文字载体扩展到社会层面的研究思路是可取的，但只是将与文本相关的因素和文本自身视为一种更宽泛的对象进行修辞解读是保守的，也难以避免"辉格式"的历史性解读误区。其次，对如何协调科学话语和社会语境的关系问题上存在一定的分歧，这也导致了相当一部分学者转向了对科学案例的纯社会化解读。再次，具体案例研究对外部因素不同程度的涉及，加剧了研究的复杂性，更加不利于形成统一的修辞分析理论。

第二，修辞分析的发展情况十分复杂，理论综合的缺失是由具体案例研究的零散性造成的，而这种缺失又进一步加剧了案例研究的零散状态和非体系化。科学修辞学的学科性质交叉、研究群体多元、研究内容和方式多样，自产生以来，一直依靠模糊的修辞性维系，没有尽快形成统一的限定和边界。当今修辞分析只是划定了大体的研究域面与研究方式，并证明了其对于科学发展的意义问题，然而仍没有统一的研究基石。

第三，在具体案例研究中能否形成具有统一研究模式的、作为独立研究方向的修辞分析，学界对此存在一定疑虑。例如，冈卡认为，虽然修辞学在科学文本分析和案例研究方面取得了一定的进展，但其并未形成统一的研究基础。在修辞学名义下进行的研究方式难以在整体上进行协调，过于宽泛的研究标准的界定会导致修辞学本源的迷失，影响其作为统一研究方向和方法的凝聚力。[①] 科学

---

① Gaonkar D. P. , "The Idea of Rhetoric in the Rhetoric of Science", in Gross A. G. and Keith W. M. eds. , *Rhetorical Hermeneutics*: *Invention and Interpretation in the Age of Science*, Albany: State University of New York Press, 1997, pp. 25 – 85.

以科学性作为统一的研究标准，而对此进行的修辞分析，是否能够依靠修辞性来完成统一的解释模式呢？我们并不这么认为。修辞本身是一个适用度极高的研究方式，修辞性并不能与作为独立特质的科学性相提并论，单一的修辞性不能作为修辞分析的统一内核。

案例研究与理论综合的问题反映了当前科学修辞学的融合式发展需求，修辞学家在分析了工具主义、机械主义等思想后，最终在语境论思想的相关研究中取得了值得认可的成果。我们认为，语境论思想能为修辞分析研究提供相通的语境基底，使修辞分析保留修辞性的同时，解决具体案例研究的零散性问题，使其在语境的基础上实现统一。语境性本身就内含于修辞性之中，修辞性也依赖于语境性，所以语境基底的构建既不是生搬硬套，也不会显得突兀。在语境论思想中，各自独立的解释并不影响在整体上的统一。所以，修辞分析的案例研究在各自语境中有效，而在语境基底上又是统一和可综合的。这为对于同一对象做出层次上有区别但意义上无差别的修辞分析提供了理论支撑。

例如，在科学争论研究中，这一问题突出地体现在对于同一研究对象的不同修辞分析的争论上，也就是案例研究的具体性和复杂性及其在修辞分析范围内的统一性问题。曾有人借此批评科学修辞学没有可以统一遵照的研究模式，进而就没有一致的研究边界和学科定位。修辞学家对此持有两种态度。一种认为修辞分析就是针对具体科学案例的修辞研究模式，追求的是得出具有修辞性的解释思想，至于科学修辞学是否与传统的学科认识一致，并不值得深入探讨。与这种回避方式不同，一些修辞学家侧重修辞理论的建构，试图通过构建一定的体系化修辞分析思想，进而将案例研究统领其中。例如，普莱利、佩拉等均在不同程度上提出过科学修辞观。然而他们的修辞研究模式并没有在其作品中得到很好的体现，没能引起人们对他们追求统一修辞分析理论的足够关注。

　　那么，具体如何操作才能将零散性消解于语境论视野中，形成统一的修辞分析？仍旧以上面的科学争论为切入点，在科学争论相关问题的研究中，首先我们要有广阔的视域，将需要研究的问题、对象及其尽可能多的相关信息汇集起来，增加相关信息、过滤无关信息、补全遗失信息。其次，要梳理出能够统领这些信息的线索，并根据这些线索，将我们手中的信息串联起来，形成解释的逻辑思路和语境基础。最后，使用修辞发明，将它们改造为具备可接受性的理论。这是针对具体的研究而言，而在宏观上，针对多个具体案例研究的零散性问题，就需要将它们放于具有相通语境基础的理论上进行理解。例如，我们会将达尔文的进化论理解为受到带有资产阶级意志的新兴神学观的影响，或者解释为受到地学革命等相关科学研究成果的启发等，但是实际上，我们如果将当时达尔文所处的社会背景等因素综合考虑的话，这些解释从根本上讲都是将达尔文及其进化论观点描述为一种所处特定社会语境下的修辞行为。

　　所以可以说，由于案例研究的特殊性和复杂性，修辞分析的案例研究不可避免地会是零散的、独立的，但是我们在对其进行整体理解和修辞分析时，是可以借助语境的作用实现在语境基底上的融合式研究的。

三　科学的科学性、修辞性与社会性问题

　　科学理论研究最根本的特征是其科学理性和逻辑性，但是随着对科学认识的不断深入，科学哲学家承认科学本质的探讨并不能仅依赖于纯逻辑的演绎和归纳，也就是说，对于科学的理解还需要修辞性、社会性等因素的参与。

　　我们在上一章中分析过科学社会性问题，它的发现要早于修辞性问题。社会性问题最早起源于近代自然科学研究团体的社会化，而真正兴起于科学社会学研究的展开。近代自然科学的体系化使得以科学家为单元的科学共同体成为一种带有明显标志性符号的

科学研究主体。这种变化促进了科学的传播与交流，也推动了科学理性的发展。不同于过往个体科学家的研究，科学共同体的组织结构和内部运作机制就类比于复杂的社会关系，是后者的一种专业化趋向的凝缩现象。为此在科学理论研究中就渗入了社会层面的影响。而后科学社会性研究的进步更使得这种社会性问题逐渐放大，成为科学理论研究中不可忽视的问题。这种研究思路实际上打开了科学理论研究中或然性因素导向问题的大门，之后例如科学修辞性问题等其他相关问题也得到了进一步扩展，为我们全面和整体研究科学提供了新的视野和理论依据。

科学修辞性问题随着科学修辞学的产生而被发掘。可以说，科学修辞性问题本质上是使用修辞学视角和工具研究科学活动的过程中所涉及修辞的具体问题。首先是在修辞参与科学研究之前的可能性论证，其次是修辞学解释过程中修辞工具性论证，即修辞策略是如何进入科学研究的，最后是修辞分析的解释效力的有效性论证，也就是修辞学过程之外对其本身解释效力的优越性的思考。

以修辞性和社会性为主的科学相关问题，代表了科学内核之外的因素及其对科学活动的参与和影响。一方面，这反映了当代科学理论研究领域的扩展和对非传统研究工具的接纳，另一方面，这也体现了自逻辑实证主义之后，当今科学哲学研究域面和研究内容的扩展，尤其是"解释学转向"和"修辞学转向"对科学哲学研究的深远影响。

科学社会性和修辞性问题暴露了科学理论研究和科学哲学研究对于与科学相关语境问题关注的缺失。一部分科学社会学学者受制于相对主义，使得在科学社会性问题展开时，在研究底层域面脱离了科学本质，走向一种科学知识的社会建构论。这种认识在社会学研究范围内可算作一种突破，但是对于科学哲学研究来说是与其研究理念相悖的。如果我们将科学活动与科学知识的产生过程理解为一种纯粹的社会化建构，那么就会将科学内核和本质问题消解于这一过程中，从而迷失了科学对理性的追求。从科学哲学角度来讲，不应当将科学问题游离于科学范围之外，也不应将科学内容脱离于科学研究的本质和基底。所以科学的社会性相关问题，应当是对与科学相关的社会因素的考量，也就是科学的社会语境问题。与此类似，科学修辞性问题实质上就是科学的修辞语境问题。

所以从科学哲学研究范围内来说，对于科学社会性问题和修辞性问题的研究而言，困难就在于：（1）研究需要基于科学理性和科学逻辑基础，并严格遵循科学范围标准的划定；（2）研究需要凸显社会性和修辞性问题的特殊性，但又不能将其作为超越认识论的研究向度而背离科学内核；（3）研究最根本是要将科学语境、社会语境和修辞语境统一于一种可表达和可交流的基底上，从而通过一种多视野的融合研究完成对科学主题的完整解读。

四　修辞分析的解释性与预见性

近代以来，哲学理论对科学及社会活动的引导性和预见性作用逐渐弱化。修辞分析作为对科学的哲学诠释和修辞性解读，深化了我们对科学的认识，但是同其他科学解释类似，解释的滞后性与预见性问题始终困扰着诸多学者。这一问题实际上是要回答，修辞分析对比其他科学解释理论，如何更好地发挥其建构性和发明的功能，从而实现理论解释的预见性；修辞分析在完成解释的同时，是否存在对解释对象的预见、引导和驱动效果。

一方面，修辞分析的滞后性在一定程度上归咎于给定语境（given context）的固定化。语境是语言学研究的基本概念，任何语言和言语行为都需要在给定语境下展开和理解，然而这也有一定的局限性。首先，我们做出的解释要在给定语境中生效，就不能超越这一范围，而这在很大程度上束缚了我们对研究对象进行超越的可能。其次，在给定语境的范围内，我们进行解释的逻辑顺序应当是"确定研究对象—给定相关语境—分析问题并做出解释"。而这种解释模式必然会滞后于研究对象的发展。

另一方面，当前的修辞分析并没有很好地发挥其建构功能和发明功能，缺乏产生预见性和理论引导的条件。例如在科学文本中，文本内部特征是文本的建构逻辑、语言组织等，外部特征是文本所涉及的社会、心理等其他层面的因素。修辞分析主要关注文本外部特征，虽然文本外部特征并不是彻底地与内部特征隔离的，但通过它对文本内部语境进行干涉也是较为困难的，进而难以影响研究对象的发展过程、实现解释理论的预见性。此外，在传统意义上的解释，其解释效用的判定依赖解释对事实问题的恰当描述和正确回答，修辞分析也受到这种模式的影响。这在根本上限定了事实和待解释对象的优先级别，限制了修辞的建构和发明功能。

借助语境论思想，有可能解决修辞分析的滞后性与预见性问题。这是因为，在语境论视野下，修辞分析的解释效力是可以传递的。解释的命题、内容等会对其相关的认识问题产生传递，将面临类似问题的解释者和被解释者带入到相似的语境中，使得相关的解释效力再次生效。例如，牛顿给出了万有引力定律，并对潮汐现象做了简单说明，此后，欧拉（L. Euler）和马克劳林（C. Maclaurin）等利用万有引力定律相继解释了水平和垂直方向潮汐力作用的区别，以及引潮力对球体的变化等。这就使得修辞的构建和发明功能得到很好的利用，即通过语境的传递，在进行修辞分析前，获得可能相关的解释思想和解释效力，从而对解释行为和过程产生一定的引导和预见作用。

具体来说，首先，修辞分析的解释效力需要在语境基底上实现，并依靠语境功能来完成。即使主题千差万别，任何的解释行为在本质上也都是一种语言交流，脱离不开符号语形、概念指称、修辞和语用的基本规则。从一般的意义上来讲，科学解释是附着在特定语境基底上的产物，不同语境条件的限定会形成不同的科学解释。其次，借助于语境论思想，可以构建一种虚拟化语境，即预设语境，来协调解释的滞后性和预见性问题。与给定语境不同，预设语境是一种较为灵活的可调整语境，它会随着解释的不同而改变，同时又能反过来作为一种模拟情景，对解释对象的发展进行一定的预见。在当今的科学研究中就存在使用预设语境的案例，例如，计算机模拟全球疫情的传播、数据化模拟核爆的影响评估等。这些案例的核心思想与预设语境思想在本质上是相通的。预设语境的方式能够保证修辞学解释性的同时，发挥修辞的建构功能和发明功能，对研究对象以及其后续研究提供一定的预见和引导作用。

除此之外，修辞分析研究需要一种可沟通交流的语境平台的支持。如上述的科学文本分析和科学案例研究的问题，在一定程度上是修辞学内部缺乏交流机制的体现。这就要求通过修辞性和语境性，搭建各类修辞分析理论和具体科学修辞研究成果的交流平台。这一平台的搭建不仅对于修辞分析研究来说具有重要意义，其对于修辞分析与其他科学解释理论的沟通也有重要意义。修辞分析是追求实践效果的科学解释理论，就是要将修辞的建构和发明功能充分发挥出来，将解释的预见性和引导性体现于科学实践活动中。

在语境论视野下，修辞分析作为一种科学解释理论，其思想能够在统一的语境平台中完成，通过语境中解释效力的传递作用，可以为即将展开的修辞分析行为提供一定的参照，并且我们能够通过预设语境、构建语境平台等具体的方式来解决修辞分析的滞后性和预见性问题。

21 世纪初的一场争论，充分暴露了修辞分析研究面临的主要问题。冈卡在《科学修辞中的修辞理念》一文中指出，当前修辞学不具备独立的修辞性特质，缺乏凝聚力和导向性，难以达成其设定的研究目标。这启发了更多的学者在此基础上对修辞学进路提出质疑，形成了自科学修辞学发展以来最大的一场讨论。[①] 当今

---

① 参见谭笑《科学修辞学方法的反思与边界——从一场争论谈起》，《科学与社会》2012 年第 2 期。

修辞分析研究面临的主要问题即有效性与统一性问题。如果修辞学的解释方法只能适用于被分析对象，那么它就不能被提取成完整的研究模式，也就不具备广泛意义上的有效性。有效性问题的遗留导致了统一性问题，危及修辞分析作为统一研究方向的存在。有效性和统一性问题具体来说，也就是上述提到的修辞分析的静态性与科学研究动态需求的矛盾、案例研究零散性现状与理论综合的困难、科学本性与修辞性和社会性等问题，以及修辞分析的滞后性和预见性问题。而实际上，这些问题根源于哲学基本矛盾，并从科学哲学元理论基础上衍生而来，如表3.1所示。

表3.1　　　　　　哲学矛盾在科学哲学中的衍生

哲学基本矛盾	科学哲学元理论层面的表现	修辞分析问题
静与动矛盾	横断研究与历史主义	文本修辞分析的静态性与科学研究动态需求矛盾
多与一矛盾	表征、科学解释的多样性与真理、实在的唯一性	案例研究零散性现状与理论综合困难
表里矛盾	内在与外在矛盾	科学本性与修辞性和社会性等问题
现实与未来矛盾	哲学理论对科学研究的解释性与导向性	修辞分析的滞后性和预见性问题

修辞分析的过程实际上就是一种语境演化过程，修辞分析将受众引入一个可接受特定叙述的修辞语境中，使得逻辑的、修辞的、社会的、科学的背景在此融合。而且，修辞学本身就是一种依赖语境性的研究方式，修辞分析更加依赖科学语境、社会语境和修辞语境的构建与再语境化。可以尝试引入语境分析以深化修辞分析，在共通的语境基底上构建一个科学交流的语境对话平台，最终在语境论视野下形成统一的修辞分析。

总的来说，语境论视野下的修辞分析研究其实就是在语境基底上对修辞学的语境化发展。语境论思想能够很好地适应修辞学融合式研究的需求，并且语境分析能够与修辞分析相结合，产生更好的解释效力。语境融合视野下的修辞分析超越了传统的研究思路，以问题为导向、以整体语境为视野、以修辞和评价效果为基准，很好地解决了当今修辞学研究面临的主要问题，能够在推动修辞分析进一步完善的同时保证科学修辞学独立学科方向的统一性质。

第四章　修辞分析的语境性回归

　　传统修辞学并不能完整地解决科学理论研究中的修辞问题，这正是因为在使用修辞分析的过程中存在明显的语用约束。修辞分析对于语境性的依赖也证明了语境分析在其研究中的重要作用，为此在修辞分析基础上与语境分析方法的融合就成为一种必然趋势。作为传统修辞学研究最主要和最突出的研究方面，文本分析和案例研究中所体现的这种融合趋势显得更为重要，这也彰显了语境的这种融合作用，并且反映了主要问题的诸多域面。以此构建的修辞语境及其特征便清晰地展现在修辞分析过程中。

第一节　修辞分析的方法论结构

　　修辞分析对修辞性和语境性的持续关注，使其与传统科学解释产生了一些区别。作为独立的研究方法，语境分析法能够弥补修辞分析法的主观性和随意性，将问题的解答过程置于一种可交流和可表达的语境基底上，并最终通过修辞分析法与语境分析法相结合的方法论结构，给出一种有理性、有理由、有效用的修辞分析。这些研究表明，语境在修辞学范围内有着巨大潜力，同时体现了科学修辞学与语境论相结合研究的趋向。修辞方法策略的研究要根据不同情况来讨论，科学文本和案例研究中所使用的修辞方法是相通的，不能简单地说某一种修辞手段适用于某一研究领域。

在科学文本中所运用的修辞在很大程度上借鉴了文学修辞批评的经验成果。中世纪之后对文学作品的分析批评逐渐成为一种文学潮流，到近代，这种文学批评方式已经成熟并逐渐发展为主要的修辞批评。由于针对固定的文本，因此这种批评模式集中研究文本作者和文本所表达的思想、情感，分析其中所运用的修辞手段。修辞分析者将自身设定为不同的读者受众，从多种角度对文本运用的修辞手段所表现的修辞效果进行感受，或是直接吸收借鉴其他读者的感受，整合这些评论后完成修辞分析。隐喻是文本分析中常用到的修辞手段，此外作者也常借文字表达对社会现象的暗讽，其他如借代、比喻、类比等手段都有所应用并具有不同效果。在科学文本中，这些修辞手段的应用不再是为了讽刺社会、表达不满，而是科学研究者为了在共同体内部或者针对普通民众的科普需求而做出的修辞使用。所以说科学文本往往分为两类，一类是专业性的，另一类是科普性的。在专业性文本中，科学研究者交流的主要群体是共同体内部人员，因此所用的修辞手段较直接，例如公式化和模型化。而科普性质的文本，为了满足大部分人对科学的热情，文本编写者在起草和修改过程中会使用一些通俗的方式，例如比喻，当然有时候简单的模型也会有较好的科普效果，例如 DNA 双螺旋结构。

当前案例研究集中于科学争论和科学实验领域。第一，科学争论中的修辞研究有辩论术的影子。在科学修辞学中，修辞参与者要求具有较高的科学素养，交流的过程是不具有现实攻击性的你来我往。不同于辩论，科学活动中的修辞参与者并不是为了驳倒对方的观点，而是试图通过科学修辞过程以完善各自理论或者产出统一的思想，这些都是需要相互合作完成的。或许某些科学家受到社会的利欲熏心，但是在一个好的科学修辞过程中，这些因素都不能阻止科学修辞过程整体对于真理的追求。第二，科学实验中的修辞是一种综合的应用，既是科学共同体使用的又要有利于科学成果对普通民众的传播。科学实验是专业化的，但是它的操作过程、记录和描述都离不开修辞。科学史上不乏错误地利用修辞以达到非法科学目的的例子，为了一己私利而擅自更改数据、夸大实验效果等行为不能从长远角度上阻碍科学的发展，终将是徒劳无功的。科学实验的修辞分析，一方面帮助我们辨别实验本身和修辞包装，一方面有助于科学成果的传播。一项发明、一种发现，都需要用到修辞分析的方法，尤其是革命性的科研突破，若要使全人类共享学术成果，必须将烦琐苦涩的科学语言转化为通俗易懂的知识。

科学事业看似与修辞学相去甚远，实质上两者密不可分，科学的发现、成果产出、思想传播等过程都离不开修辞学的辅佐。通过具体的分析，我们能清晰地看出修辞学方法的一些特征，比如专业性，它要求使用者具有很高的专业素养和科学知识储备；客观性，在使用科学修辞方法的过程中严格按照客观标准，不能滥用修辞而错误引导科学结果；语境性，这些方法的使用随着科学语境的变化会有不同的效果。当然作为修辞的一种方式，修辞分析理所当然地具有解释性和劝说性等特点。单纯依靠朴实无华的科学话语已经不再适应当今科学发展的需求，科学与修辞学对立的时代已经结束。修辞分析不能增加科学研究的真理程度，但是能增加其论证的有效性，有助于科学共同体内部的交流和科普的传播，有利于激发科学潜能，通过科学修辞过程不断创新产生科学成果，同时也是增加对科学认识以及影响科学哲学发展的重要途径。

库恩认为，科学研究存在着范式之间不可通约性的难题，同时传统科学解释无法规避解释的多元化和相对主义问题。20世纪科学哲学的"修辞学转向"与新修辞学的"科学转向"、"认知转向"的碰撞和渗透中汇成了科学修辞学，为消解这些问题提供了空间与方向。修辞学研究方式模糊了科学主义与人文主义的严格界限，通过修辞手段突破了科学解释方法的限制，并且在与语境论相结合研究的过程中，为上述问题的融合性研究提供了可能的研究基底和平台。

　　受到修辞学与语境论融合研究趋势的影响，修辞分析法与语境分析法结合，逐步形成了有自身特点的方法论结构。这包括以科学隐喻分析、科学类比分析、科学模型分析、科学对比分析、科学话语分析、科学引证分析为主的修辞分析法，以及以语形分析、语义分析、语用分析和再语境化（recontextualization）、自语境化（self-contextualization）为主的语境分析法。两者所构建的修辞分析方法论，为科学修辞学的进一步完善和体系化做出了贡献。

一　修辞分析法

　　20 世纪中后期，随着新修辞学进展及其在科学理论研究域面的渗入，修辞已经不再单纯是文学和语言角度的实践工具。科学工作者和科学哲学家们逐渐认识到，修辞可以融合科学主义与人文主义之间非此即彼的思维方式，从而在其基础上构建一种兼顾科学精神和人文气质的修辞学研究方向。此外，从科学哲学角度来看，在经历了语言学转向、解释学转向后，对事实与实在关系、理论和实践先后秩序问题、科学理论可错性、科学历史主义、相对主义与科学知识的社会建构论等方面的研究，为修辞学方法进入科学哲学领域打开了空间。[①]新修辞学以及修辞学家们开始尝试在科学文本、科学案例、科学争论、科学实验、科学工具与方法、科学家与共同体等方面进行修辞分析和批判，使学术界对科学真理与现实表征、实在论与反实在论、科学研究主客体关系等方面获得了全新的认识。

　　在这一过程中，修辞分析方法主要受到了科学研究、修辞研究和语境研究的影响。首先，修辞分析是修辞视角对科学主题对象的切入，存在着对科学理论研究方式的修辞解析过程。其中有代表性的包括，对科学符号及其表征意义的修辞化解读，例如，分

---

　　① 甘莅豪：《科学修辞学的发生、发展与前景》，《当代修辞学》2014 年第 6 期。

析量子力学中矩阵力学（matrix mechanics）与波动方程（wave e-quation）之间选择时受到的简洁性和美学观念影响；科学理论构建过程中所使用的修辞策略，例如，对科学文本中论点的断言陈述和可能陈述的可接受性分析；科学实验室因素对实验过程和理论构建的干涉，例如，拉图尔和伍尔加在其著作《实验室生活》中对此方面的跟踪研究。其次，科学理论研究表现出明显的修辞特征，科学中的修辞研究主要继承了传统修辞学的策略方法，并在与科学对象的互动过程中不断改进，从而形成了科学隐喻、科学类比等方面的研究进展。再次，随着语境论思想的发展，科学哲学家开始尝试在具体自然科学哲学问题中应用语境分析，并取得了较多成果。在这一系列研究中，语形分析、语义分析、语用分析等的语境分析方式，已经在科学逻辑、科学结构、科学话语等方面形成了具有一定影响力的方法论体系。

科学修辞学受到新修辞学和语言学的极大影响，例如在欧美高等教育中，科学修辞学专业课程也往往开设于英语语言系或文学修辞系。科学理论研究中修辞分析的参与，弥补了科学方法的缺陷和局限性。"当今越来越多的社会科学与自然科学学者认识到，学术研究的方法、程序和语言，在本质上都是修辞的。尤其是科学家的辩护要符合修辞方法，他们对研究项目的选择、研究方法和路线的决定、基本原理的陈述等都带有明显的修辞特征。"[①] 研究观点的转变，意味着科学解释范围和规则的扩展，这深刻体现于修辞分析法在科学理论研究中发挥的重要作用。具体而言，修辞分析中的修辞分析法，包括而不限于科学隐喻分析、科学类比分析、科学模型分析、科学对比分析、科学话语分析、科学引证分析等方式。

科学隐喻分析是科学和修辞学交叉研究中最为重要的分析视角

---

① 温科学：《20世纪西方修辞学理论研究》，中国社会科学出版社2006年版，第100页。

和研究方式。自新修辞学开始，学术界便将隐喻从传统窠臼中解放出来，打破了文学和修辞格的限制，赋予其普遍性意义。由于其简约性、形象性、启迪性和创造性，科学隐喻成了科学研究中科学事实和概念前瞻性发现的不可或缺的研究方法。甚至说，科学的概念化就取决于隐喻概念。① 因此杰克尔（O. Jäkel）在研究隐喻情景时指出，哲学史上针对科学概念的研究，往往采用了隐喻的研究方法（如表 4.1 所示）。② 类比是隐喻在更宽泛条件下的使用，具有联想启发、模拟假设、构建联系等重要作用。它使得类似的特征或规律之间形成认识思维的"上升"、"下降"和"跃迁"，从而得出由此达彼的效果。在被研究对象无法直接观察时，科学类比就为解决这一困难提供了行之有效的方案：将研究对象未知问题与已知对象的确定规律联系起来。并将这种相似性通过类比的形式达到"两者的理论内容明晰生动地联系起来"③。例如，将原子核外电子运动轨迹类比为太阳系行星运动轨迹等。模型理论一直是科学研究中认知表征和理论陈述的重要工具。不同于纯粹的逻辑证明模式，模型化是一种具有启发性特征的工具。从某种意义上讲，科学模型分析是科学隐喻分析和科学类比分析的综合应用和深化，它们均采用了类似的映射模式和修辞发明逻辑。

表4.1　　　　　　　　哲学家对科学概念的隐喻表达

概念 哲学家	科学	科学家	自然	方法	理论	科学进步
亚里士多德	美景	被动旁观者、观察者	观察对象	—	—	—

① Kertész A. , *Approaches to the Pragmatics of Scientific Discourse*, New York：Peter Lang, 2001, p. 152.

② Jäkel O. , *Metaphern in Abstrakten Diskurs-Domänen*, Frankfurt am Main：Peter Lang, 1997, p. 276.

③ 闫世强、李洪强：《科学修辞语言战略》，《科学技术哲学研究》2014 年第 2 期。

续表

概念 哲学家	科学	科学家	自然	方法	理论	科学进步
笛卡尔	旅程	旅行者	—	直线路径，缓慢但稳定的运动	—	向前或向上运动
康德	建造大厦	先驱、建筑师、工人	—	开发地检查、建筑物设计	建筑物	大厦完工
波普尔	生存抗争	勇士	—	器械武器	生存抗争中的对手	清除弱势理论、渐进选择合适理论
库恩	宗教战争或游戏	狂热信徒、军人、解密人	被塞进盒子的玩具	解密规则	有魅力的宗教领袖	领导权的革命变换、宗教战争的胜利

　　对比是通过研究两种或多种对象，从而得出它们之间的区别，或者突出其中某一方面特征的分析方式。科学对比分析将最终版本的科学文本与早期的笔记、草稿等进行比较，从而推断科学家的意图及理论构建、演变过程。例如，格罗斯对达尔文《物种起源》及其航海期间笔记的写作风格、意向的劝服对象、词语的编排与转义等的对比分析。① 科学对比分析还常见于科学争论研究中，对争论双方所采用的修辞策略进行分析，从而研究某一方取得争论胜利的过程和原因。例如，对牛顿与胡克在光的色散争论问题方面的修辞分析。② 科学话语分析本身就是一种语言学研究方式的传承。比如在语形上分析文本或符号的多次出现、重点突出

---

① 甘莅毫：《科学修辞学的发生、发展与前景》，《当代修辞学》2014 年第 6 期。

② Mamiani M.，"The Structure of Controversy：Hooke verus Newton About Colors"，in Machamer P.，Pera M. and Baltas A. eds.，*Scientific Controversies：Philosophical and Historical Perspectives*，New York：Oxford University Press，2000，pp. 143－152.

或特殊符号形式与字体等的变化，来解析这种应用效果产生的在科学交流活动中的作用。例如，"达尔文通过文字加点的修辞技巧来突出观点，使得最谨小慎微的细节也能得以放大，使得晦涩、易被误解的理论具体化、明晰化"①。科学引证分析就是对科学活动中的"正名"过程进行修辞分析。科学引证的使用，将萌芽状态的新科学理论与权威理论连接成保护网络，从而构建了未知和已知之间信任的桥梁，最终达到劝服和认同的修辞功能。

　　然而，单纯依靠修辞分析法并不能充分解决问题。首先，每一种具体的修辞分析法都在不同程度上存在解释的盲点和困难：科学隐喻的使用存在一定模糊性和主观性，而且隐喻最终并不能提供完整确切的认识，甚至反而会产生一定的误解；这种偏离效果的误用同样存在于科学类比分析和科学模型分析中，也就是说，由于对象性质的多样，我们借助类比分析或模型化来说明某一特指的性质联系时，可能存在错误的认识传递性；科学对比分析在一定程度上掩盖了研究内容的语境性缺失，在文本对象选择的主观性和历史性问题上受到指责；科学话语分析过于保守，囿于语言学和修辞学层面而没有很好地表现出修辞分析方法的独特性；科学知识社会学中对"马太效应"的批判也在一定程度上动摇了科学引证分析的基础。其次，从修辞分析整体来说，由修辞分析方法多样性导致的解释零散性问题，已经成为当今修辞分析研究的主要困难之一。这种在修辞分析范围内的零散性，与库恩所指科学层面的不可通约性有着本质上的相似性。为此，修辞分析法需要与语境分析法相结合，将具体案例与理论研究综合，将科学的逻辑性、社会性和修辞性统一于语境交流平台中。

二　语境分析法

　　在当代学科融合、渗透的背景下，逻辑分析、日常语言分析都

---

　　①　闫世强、李洪强：《科学修辞语言战略》，《科学技术哲学研究》2014 年第 2 期。

无法脱离语境分析法，这已经是一种历史的必然趋势。① 传统修辞学将目光集中于语言本体分析层面，忽略了语境的动态特性。在此基础上展开的语法结构、语义逻辑、修辞策略等分析，必然带有静态性弊端。在科学哲学中，语境论思想在分析具体自然科学哲学问题时发挥了不可替代的作用，通过语境分析法的应用以及语境平台的构建等方式，缝合了多种科学解释之间的鸿沟。

修辞分析主要是关注作为整体的语境分析法。语形分析、语义分析和语用分析各自在科学哲学的不同发展时期和不同研究领域发挥了重要作用，比如逻辑实证主义对科学符号及其语形问题的关注，分析哲学与诠释学对语义、指称、意义等方面的解析，后现代科学哲学如历史主义和科学知识社会学对语用层面的研究等。而这种发展线索使得新兴的研究方向逐渐脱离了原本科学哲学追求的科学理性和逻辑基础，也就是说，过于关注语用的特殊性而走向某种程度的相对主义。科学修辞学发展初期同样面临这种问题，于是在后续理论修正中形成的修辞分析更加主张重视将语形分析、语义分析和语用分析结合为整体的语境分析法，从而在关注科学的语用性和修辞性的同时，不会削弱其理性思维和逻辑特征。

修辞分析方法论中的语境分析法，是科学修辞学与语境论思想相结合研究的产物。语境的制约、转化、生成等功能，能够在修辞分析中发挥重要作用。语境分析法是语形分析法、语义分析法和语用分析法在语境研究平台上的整合，它是语境论思想中最重要的组成部分。此外，语境分析法还包含从整体角度而言的再语境化和自语境化。

如果站在科学哲学角度，20世纪哲学运动中的"语言学转向"实际上是在逻辑基础上向科学语形分析的变革，而"解释学转向"强调了科学概念和理论的意义范畴和建构性，"修辞学转向"则将

---

① Fodor J. and Lepore E., "Out of Context", *Proceedings and Addresses of American Philosophical Association*, No. 2, 2004, pp. 77–94.

语用思维贯彻于科学话语分析中，强调科学理性的效用性和实践性。对于科学符号、科学实在与表征、科学及其研究者之间关系的研究，涉及语形学（syntactics）、语义学（semantics）和语用学（pragmatics）。相对应地，语形分析、语义分析和语用分析的整合和扩张就构成了语境分析法的应用空间。这使得科学哲学家认识到，科学理论不再是传统意义上的"叙事模式"（narrative mode），相反，其合法性只有通过论辩才能实现其逻辑价值和社会意义。所以，"语形分析、语义分析和语用分析在语境基底上的统一，可使得本体论与认识论、现实世界与可能世界、直观经验与模型重建、指称概念与实在意义，在语言分析过程中内在地联结，形成方法论的新视角"①。同时，这也使得修辞分析与语境分析的方法论相结合，成为修辞解释模式成型的必然和自觉的选择。

再语境化根源于语境的动态性。哲学家罗蒂指出，无论是基于整体意义上还是局部要素层面，语境的作用和转换过程实质就是一种再语境化过程：在语境结构的演变中，新旧语境因素的变换推动了语境整体的内在张力，从而在这种动态过程中创造了语境的平衡性。② 再语境化将语境中各因素解构为相互的关系存在，并使这些关系的联结依赖于特定语境结构系统的目的性。语境作为解释和理解行为必需的联结点，使得认识信息可以交流、转换和重构。③ 在语境论视角下，解释被当作语境的构建过程。知识的生成和解释的构建，实际是在语境场中，完成解释要素的重新组合。基于此，再语境方法从另一种角度对语境中的关系进行解读和重构，从而获得关于问题的"创造性"回答。而修辞分析实际上也是通过修辞评价机制不断反馈和完善科学解释理论的过程。因此从这个意义上讲，它也是一种再语境化过程。

---

① 殷杰：《语境主义世界观的特征》，《哲学研究》2006 年第 5 期。

② Rorty R. , *Objectivity, Relativism and Truth*, Cambridge：Cambridge University Press, 1991, p. 94.

③ 郭贵春：《论语境》，《哲学研究》1997 年第 4 期。

　　而相对于我们在一般意义上说的显性科学知识，还有一部分知识称为默会知识（tacit knowledge）或隐性知识。修辞分析理论认为，对于这部分知识而言，其认识方式主要是一种自语境化结构。所谓自语境化，是指在认识过程中认识主体对于解释要素的自适应过程。自语境化强调人类认识的能动性，而不仅限于在要素内部的自组织过程。它具有自主性、目的性、渐突性、实践性等特征，并且，体现了认知中主体因素与客体因素、认识过程与意义表征、理性与非理性、事实陈述与价值判断的统一。①

　　总的来说，修辞学关注在科学研究基础上表现出的修辞性与语境性，并由此形成了独特的修辞分析法和语境分析法。两种分析法各有所长，共同构成了修辞分析的方法论结构（如图 4.1 所示）。

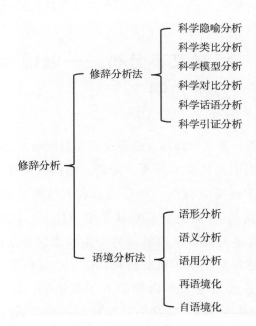

图 4.1　修辞分析方法论结构

---

　　① 魏屹东、杨小爱：《自语境化：一种科学认知新进路》，《理论探索》2013 年第 3 期。

　　修辞分析与语境的结合研究有着不可限量的研究意义和学术价值。语境作为脱胎于语言学的基本概念，在科学修辞学研究范围内有着不容小觑的潜力。特别是，修辞分析根源于修辞和语言，其语境性特征是一种本质的、必然的体现。比如在修辞分析中，语境参与到解释要素的甄别、解释方法的选取和使用、解释理论的构建和评价等各个阶段。

　　修辞分析与传统科学解释的本质区别就在于对语境问题的重视程度上。语境的特性决定了修辞分析的动态性、多向性和复杂性，并在主体性认识等修辞分析元问题上提供了借鉴和帮助。在此认识基础上，语境分析法作为修辞分析法的补充，完善了修辞分析的方法论结构。所以说，在科学修辞学研究域面内，修辞分析与语境分析的结合研究，是一种必然的选择和有意义的前进方向。

第二节　科学文本分析——以篇际语境分析为例

　　从本质上讲，受文学修辞分析根深蒂固的影响，新修辞学批评主要展开方式仍旧是从文本分析开始的。然而区别在于，它们在文本分析过程中逐渐发掘出一种广阔域面和视野内的整合研究。这从外部来讲就是 20 世纪兴起的社会学、社会行为等层面的研究，主要考察文本外部因素对其内容产生和思想变迁的影响。而从内部来讲，就是对文本语境的研究，但是这种内部语境又表现在两个方面。首先是单文本内部的上下文语境，即我们常说的"语境"一词的基本意义，其次是文本与文本之间的篇际语境（intertextual context）。

　　文本间关系的篇际语境能够串联文本与其他文本之间的关系，并将其他文本作为参照以使加深、拓宽对待分析文本的研究。注重修辞性解读的篇际语境分析是修辞分析研究的重要方法，它往往往成为研究科学文本的突破口，在修辞分析研究领域的科学文本相关研究中至关重要。

篇际语境分析（analysis of intertextual context）是修辞学方法论在科学文本研究中的具体应用。篇际语境分析是当代修辞潮流的一种内在表现，修辞学发展历程上从没有像今天这样关注并推崇修辞，修辞研究在语言学、文学、哲学和科学中都有立足之地，科学修辞学研究成果如雨后春笋般涌现。由于科学文本的特殊性，篇际语境分析在科学文本研究中显得格外重要。科学文本以其严密性、客观性著称，对科学文本的分析大多采用文本或数据的提取和分类对比等方式进行，这些分析的客观性不容置疑但欠缺全面性和解释性，不能很好地反映科学文本写作的目的、过程、影响及其变化，不能真正满足科学文本研究的需求。篇际语境分析能够在科学文本分析过程中激活受分析文本与其他文本之间的关联，挖掘文本中容易忽略的隐藏信息，催化和凸显文本的核心内容，最终帮助分析者做出较为成熟、全面、合理和科学的文本解释。科学文本研究中频繁应用篇际语境分析，却始终没有对其进行系统的梳理和框架研究，因此对科学文本研究中篇际语境分析的本质和特征的研究是必要的。

一　篇际语境分析的本质

科学文本研究中的篇际语境有广义与狭义之分。广义的篇际语境是指科学文本所处的语境关系总和，它包含所有与受分析文本相关的社会、政治、经济、文化、物质资料等因素以及它们之间的关系。贝尔德（A. C. Baird）曾写道："话语不能孤立于它所处的社会环境。因此，社会环境的重构是必要的。必须做出与它相关的复杂经济、社会、政治、文学、宗教以及其他活动的充分解释。"① 他所

---

① Baird A. C. and Thonssen L. , "Methodology in the Criticism of Public Address", *Quarterly Journal of Speech*, No. 33, 1947, p. 137.

指的"社会环境"实质就是广义的篇际语境。狭义的篇际语境又称文本间语境，是指受分析的科学文本与其他文本之间的关系总和。坎贝尔说过，如果文本被孤立在语言学语境或者"文化语法"之外，那么文本的解释将无法进行。坎贝尔注重对达尔文《物种起源》和其他文本的关联解读，他强调的是狭义的篇际语境。修辞分析中广义的篇际语境是以科学文本为出发点而形成的与文本相关的整个修辞语境，狭义的篇际语境是我们进行科学文本研究时所使用的文本间修辞语境。

文本分析作为最主要的修辞研究方式，在修辞分析中得以继承和发扬，科学文本研究是重要的文本研究方式，同时也是最主要的科学修辞学研究内容。修辞分析中的科学文本研究是指通过运用一定的修辞研究方法，分析与科学相关的论文、著作、公开言说等文献资料，描述文本中所包含的信息，阐述其科学思想，解析其运用的修辞方法及效用，并对问题做出相应的修辞性解释。功能论的和工具论的文本研究模式各有所长，长期被应用于科学文本研究中，但是随着解释学转向和修辞学转向带来的哲学新变化以及科学修辞学的蓬勃发展，功能论和工具论的文本研究模式已经不能满足日益丰富的科学文本的解释需求，语境论的融合研究模式逐渐成为科学文本研究中的主流方式。维切恩斯于1925年发表的《演讲的文学批评》开启了修辞批评的新篇章，语境修辞模式逐渐成为修辞批评分析中最重要的研究方式，科学文本研究领域的学者开始关注文本之间的关系即篇际语境，试图通过这种分析来剖析文本隐藏信息并做出相应的解读。

篇际语境分析是借助篇际语境实现的一种分析方法，指在进行科学文本研究的修辞分析时，要结合前后文本、作者其他文本或私人文本以及其他相关文本的关联解读，这是一种基于狭义篇际语境而完成的研究方法，是语境精神在科学文本研究中的体现，是科学修辞学研究范围内一种突出的语境分析法应用。语境在文本写作之初就决定了文本目的并引导文本批评的前进方向，被确定的目的开始组织整个文本建构，而语境和语境研究模型则作为一种背景因素被隐藏起来。[1] 在科学文本研究中解读文本就是要找出隐藏在科学文本中的语境因素，重新构建初始语境，找出文本与语境各要素之间的关系以求更加完整地理解原文本。有时语境是被刻意利用的，在文本产生之初就有很强的目的性，例如针对性的科学批评和反驳。但是更多时候作者会在文本产出过程中自觉地运用语境，语境是自然地渗透进文本的，是文本的内在组成部分。进行科学文本解读时要尽可能地重建语境以帮助我们理解，但是完全达到受分析文本产生之初的语境是不可能的。每个人在解释时都会使用不同的语境，但文本最初的语境是一定的，哪个解释者所使用的语境与初始语境契合度高，他的解释就较合理。篇际语境分析就是在多个文本间跳跃，试图勾勒出最适当的分析语境并在其中做出解释。科学文本研究中篇际语境分析的出发点一定是与科学相关的文本，其他所使用到的文本可以是非科学性质的甚至是私人书信，落脚点是通过语境分析对科学文本做出趋于合理的解释。

篇际语境分析有一定的范围和界限，它只适用于科学文本与其他文本之间的语境分析，一旦超越这一界限就会涉及更多的语境因素，这种情况下的修辞分析研究实质上是需要更高一级的研究模型来整体完成的。也就是说，篇际语境分析仅仅是一种针对文本之间的语境分析，一旦超越文本或者涉及其他的非文本语境因素，就不是单单依靠篇际语境分析能够解决问题的了（见表4.2）。除此之外，篇际语境分析在科学文本研究领域是通用的，任何的科学文本研究都需要借助篇际语境分析，没有应用篇际语境分析的科学文本解释必定是孤立的、不完全的，也不会有太高的科学价值和参考价值。

---

　　[1]　Jasinski J., "Instumentalism, Contextualism, and Interpretation in Rhetorical Criticism", in Gross A. G. and Keith W. M. eds., *Rhetorical Hermeneutics*: *Invention and Interpretation in the Age of Science*, Albany: State University of New York Press, 1997, p. 206.

表 4. 2　　　　　　　　篇际语境的适用范围与适用方法

篇际语境	适用范围	适用方法
狭义篇际语境	科学文本研究	篇际语境分析
广义篇际语境	科学文本研究、科学论战研究、科学实验研究等	包括篇际语境分析在内的语境修辞研究模型方法

　　篇际语境分析不同于传统的科学文本分析，它是在传统科学文本研究方法基础上形成、具有鲜明特征的研究方式，它在坚持传统科学文本研究方式的同时注重篇际语境的运用，由此完成对科学文本的语境解读。传统的科学文本分析从语言学角度、科学写作角度、分类和对比分析角度、数据效用分析角度等层面做出解释，对科学的进步做出了相当的贡献。但是随着科学的复杂化以及哲学进路的转变，传统的科学文本研究不能很好地对不断发展的科学文本做出解释，面对推陈出新的科学文本和不断变化的科学文本写作技巧，新的科学文本研究方式呼之欲出。

　　篇际语境分析并不是一种颠覆的分析研究方式，它与传统科学文本研究方式并没有冲突，而是一种思维方式的转变和演进。例如传统的文本对比分析是一种没有主次之分的平等比较，而篇际语境分析是有固定出发点的——科学文本，它是微观具体的，其他的文本是用来分析它们与科学文本之间的语境关系以辅佐我们进行解读的，这些庞杂的相关文本是宏观的；文本对比分析得出的结论往往是它们的差异性，而篇际语境分析追求的是如何利用篇际语境更好地解读原科学文本。

　　综上所述，篇际语境分析本质上是建立在狭义篇际语境理论基础上的语境分析方法，它主张通过分析科学文本与其他文本之间的关系来对科学文本进行语境性和修辞性解读，是修辞分析法与语境分析法在科学文本研究中的具体应用。相对于传统科学文本分析法具有无比优越性的篇际语境分析能够在科学文本研究中展现出特有的功用。

二 篇际语境分析的主要特征

篇际语境分析是语境论和科学修辞学碰撞的产物，其方法特征不可避免地刻有语境化和修辞性的烙印，同时由于适用于科学文本研究，其也具有很强的文本性特征。语境化、修辞性和文本性是篇际语境分析的最主要特征。

（一）文本性特征

文本的自由性与多样性。篇际语境分析的起点是单一的科学文本，但在分析过程中所采用的文本却是自由和多样的，凡是与被分析文本相关且有分析价值的都可以被拿来做协助研究。例如，我们发现文本中某一词汇出现频繁，这很可能是作者的有意设计，如果与这篇文本相关作者的其他著作中也出现此类情况或者其他相关文本对此高频词汇进行了解读，那么这两种语境很可能是一致的，以此展开的文本关联分析则更容易把握作者的意图。以此类推，如果文本中反复提到某人的著作或思想，我们就需要按图索骥去找到作者想要汲取的那份思想来源。坎贝尔在对达尔文的进化论进行研究时，通过量化和分析词汇使用频率、文本各版本之间的差异性、上下文之间的关联、文章各部分的逻辑关系、作者话语及语气转换等来对文本做出解释说明。坎贝尔的成功在很大程度上源于他后期对篇际分析法的着重使用，特别是着手对达尔文的书信、笔记等进行大量分析，这些关联解读暴露了达尔文学说的大量矛盾。他说道："作者用一组词语频率将会有益于他认识的开始，它的重复性证明了作者潜在目的的一些迹象。"① 此外，篇际语境分析所涉及的文本也可以是非正式的和私人的。我们分析的科学文本必然是正式出版或公开发表的，那么作者在此期间或与此相关的书信往来、私人访谈之类的非正式文本都能够成为

---

① Campbell J. A. , "Scientific Revolution and the Grammar of Culture: The Case of Darwin's Origin", *Quarterly Journal of Speech*, No. 72, 1986, p. 361.

我们解读其思想变化的重要资料，也有助于理解原文本内容提出与变更的原因。

文本的关联解读。篇际语境分析要求多文本的关联解读，这一过程的优越性是无可比拟的。我们可以考察受分析的科学文本与另外一个文本或多个文本之间的关系，篇际语境分析的过程必然是多样的而不会局限于单文本研究。达尔文常在与他人的通信中将自己表现为一个坚定的归纳主义者，例如达尔文曾在与菲斯克的通信中强调说："我对归纳方法是如此坚定……我的工作必须开始于一些现实材料的积累而不是从原理中直接得来。"① 但是达尔文在 1860 年写给他的同事莱伊尔的信中却说道："没有理论的建构，我确信就没有观察可言。"② 在 1861 年写给同事福西特的信里，达尔文甚至用这样的话尖锐地批判归纳主义者："大概三十年前，有很多言论说地质学家需要的仅仅是观察而不是理论；我还能记起来有些人说在这个领域最好的做法是走进碎石堆中，数数卵石的数量并描绘它们的颜色。这是多么愚笨的，居然没有人明白所有的观察都是为了支持或者反对一些理论观点。"③ 显然达尔文的观点有一定的局限性和片面性，他在公众面前表现出的归纳主义者姿态，一方面是考虑了 19 世纪培根归纳法在英国科学界的盛行，另一方面也是为了让自己的理论更具可接受性和实证性。通过篇际语境分析我们可以认识到达尔文的科学理论并不是单纯地经过实践和资料的搜集之后得出的，而是建立在特定的预设原则和理论基础上的，在寻找资料证据的过程中对理论不断修改的，这使得我们对达尔文和进化论有了更加全面的认识。

---

① Darwin F., *Life and Letters of Charles Darwin*, Vol. 2, New York：D. Appleton, 1896, p. 371.

② Darwin F., *More Letters of Charles Darwin*, Vol. 1, New York：D. Appleton, 1903, p. 195.

③ Darwin F., *More Letters of Charles Darwin*, Vol. 1, New York：D. Appleton, 1903, p. 173.

（二）语境化特征

篇际语境分析是一个不断摸索、语境重建（contextual restruc-tion）的过程。我们在进行文本研究时可能知道文本初始语境的一些但不可能是全部的因素，那么解读时产生的语境往往不完全等同于初始语境，在这种情况下对语境的建构实质上是一种语境重建，它是针对不同语境而言的。如果重建语境与初始语境的契合度高，那么就能做出较为成功的解释，反之则容易产生曲解。语境重建不同于再语境化和语境还原（contextual restoration）。篇际语境分析注重修辞性解释，而再语境化追求文本的创新性解读，两者是内在统一但又有区别的。语境还原是指当明确知道原文本的最初语境因素时，对文本的解释就要参照那些初始语境因素的影响，或者是还原初始语境来分析文本的相关内容并在此语境下做出解释。虽然这一个过程很难完全还原初始语境，语境还原得到的新语境总是与初始语境存在一定的差别，但这种理论下预设的初始语境不会发生改变。

篇际语境分析是最适用的科学文本研究方式，因为语境重建更加符合实际情况，语境还原是一种理想情况下的解读模式，语境重建虽然在很大程度上存在错误和偏差，但却是实际中最好用、最值得尝试的文本解读方式。科学就是对自然规律认识的研究过程，在这一进程中，如果我们遵循合理的建构就会寻得更多的科学宝藏。对原子这一概念的解读随着科学认识的加深而不断改变，最初原子概念创立于哲学世界观中，而后被引入科学领域，要完全理解与原子隐喻概念相关的科学文本，就要采用篇际语境分析，借助哲学中原子概念的解读来增加对科学中原子概念的理解。

得益于语境重建的无限可能性，篇际语境分析才会有各种各样的解读思路，演化出各种各样的修辞分析。坎贝尔是当代卓越的科学修辞批评家，他对达尔文思想的研究颇有建树，篇际语境分析是他始终贯彻的修辞分析方法，冈卡曾说：“坎贝尔对《物种起源》的两种针锋相对又必不可少的解释一直沿用——发明的和篇际的。"① 类似坎贝尔那样对于达尔文及其进化论的文本研究成果不计其数，其中有对进化论科学性提出质疑的，有对达尔文写作过程进行批判的，也有对达尔文思想变化展开研究的，但我们看到的共同点是这些文本研究都注重篇际语境的关联解读，任何只分析《物种起源》的研究都称不上是好的学术研究，这些众多成果离不开多样的语境化解释。

（三）修辞性特征

修辞性剔除。篇际语境分析实际上是在语境重建过程中对科学文本的修辞性表征进行修正，这一过程不断剔除和代入新的修辞，使文本增加说服力或对文本做出更有说服力的修辞分析。在修辞学发展早期，科学文本写作使用的修辞手段较为单一。然而科学文本自身必然包含着修辞性，随着科学的演进和科学共同体交流的需要，科学文本的写作开始借助修辞以博得思想传播与交流的最大化，科学文本的修辞应用常常起到意想不到的有益效果，例如原子、万有引力等隐喻概念的提出与使用。如何在经过修辞的科学文本中挖掘修辞就成了科学文本研究领域的重要内容。哲学上有著名的奥卡姆剃刀，修辞分析同样需要类似的修辞性剔除，但修辞性剔除并不是单纯的简单有效原理，而是要求通过篇际语境分析找出科学文本中使用过修辞的部分与这部分所使用的修辞手段，并通过修辞性分析来剔除那些无关紧要的修辞或对这些修辞做进一步的分析，从而筛选出科学文本中核心、未加修饰的部分。这种修辞性剔除能够帮助我们真正理解科学文本所要表达的内容，避免因为晦涩、精确而过于偏执所产生的误解，同时为后续的修辞研究做出贡献。

修辞的效用分析。与修辞的剔除相对应的是修辞的效用分析。修辞的剔除并不是为了真的剔除科学文本的修辞性，而是为了找

---

① Gaonkar D. P. , "The Idea of Rhetoric in the Rhetoric of Science", in Gross A. G. and Keith W. M. eds. , *Rhetorical Hermeneutics*: *Invention and Interpretation in the Age of Science*, Albany: State University of New York Press, 1997, p. 59.

到文本核心实质。同时我们对发现的修辞部分进行分析，能够通过研究其修辞手段与方法、产生的修辞效用与影响来帮助我们理解和分析科学文本的意义与合理性。修辞的效用分析对于科学共同体是十分重要的，优秀的科学家尤其是科学事业刚刚起步的年轻科学家会关注成功科学文本所使用的修辞以及这些修辞的效用，从而将有益的经验应用到今后自身的科学研究中，而对于失败案例的修辞分析也能避免在科学研究的道路上重蹈覆辙。《物种起源》的出版引起了轰动并很快被包括科学家在内的大部分人接受，这本书的成功在很大程度上归功于修辞的巧妙使用。各个版本的细微差别并不影响文本整体的灵魂思想，但是这些文字的差异反映出达尔文的修辞使用以及这些修辞产生的效用。例如，《物种起源》第一版的扉页引用了惠威尔和培根有关自然神学的思想名句，这种做法看似与其宣扬的科学精神初衷是相悖的，但实际上是达尔文为了显示自己对自然神学的尊重从而为进化论的传播开道，因此达尔文在第二版中又添加了巴特勒的名言来增加这种修辞效果。① 可见，修辞性并不能增加科学文本的科学性，但是修辞效用对于科学文本的可接受性、传播与交流等方面有重要的推动作用。

修辞术语的转换和隐喻的选择。科学文本中所使用的术语必须是一致的，这些术语极有可能是经过一定转换或改进的，篇际语境分析能够通过分析科学文本前后的变化得出术语的使用和转换并且分析这些变化的利弊，同时找出在文本中为了便于传播和交流而选择和反复调整的隐喻并分析这些隐喻的修辞效果。对《物种起源》文本的篇际语境分析不难发现"自然选择"（Natural Selection）、"生存竞争"（The Struggle for Existence）等耳熟能详的术语和隐喻都是经过深思熟虑的。达尔文使用"自然选择"来替代当时流行的"造物法则"（The Laws of Creation），这种转换将人们

① Campbell J. A. , "Charles Darwin: Rhetorician of Science", in Harris R. A. ed. , *Landmark Essays on Rhetoric of Science: Case Studies*, Mahwah: Hermagoras Press, 1997, p. 4.

所不知的自然力量影响进化的方式转换为人们熟知的人为方式，去除了神性和奇迹性，更容易被接受和理解。特别是对于科学界来说，"选择"更具有科学气质，让人感受到理论和结果都是经过严密科学步骤完成的，而不像之前对于物种进化的解释具有某种神秘色彩和不可控性。作为另一个重要的术语，"生存竞争"最早被达尔文称作"自然战争"（War of Nature），达尔文经过反复思考最终放弃了它，他也没有接受同事莱伊尔的"物种数量的平衡"（Equilibrium in the Number of Species），因为他觉得这个术语太过沉闷。达尔文最终选择"生存竞争"这一术语并不是因为其准确性，而是因为它在"战争"和"平衡"之间的语义空间是最令人满意的。①

（四）其他特征

篇际语境分析是一种起始于科学文本并回归于科学文本的解释方法，相对于数据对比分析和单纯的本文分析，它是一种由外及内的研究过程，篇际语境的采用和文本间关系的分析，都是为了服务于受分析科学文本的研究。而数据对比分析是在外的研究，它讲求通过数据的分类对比研究对科学文本做出评价，文本分析则是在内的研究，它讲求通过文本内部的分析得出解释。篇际语境分析要求具有一致性的文本才能作为研究的对象，否则即使具有相关的思想也仍不能作为参照，因为它们讲的有可能风马牛不相及，我们称这种要求为篇际一致性（intertextual coherence）原则。篇际一致性原则规定了篇际语境分析对文本的选取不是杂乱无章的，这对于高效利用文本间关系和语境分析起到了很大作用。

总之，篇际语境分析的特征远不止这些，但语境化、修辞性和文本性是其最主要特征。作为语境分析法在科学文本研究中的具体应用，篇际语境分析具有语境分析法的一般特点，同时有独特

---

① Campbell J. A. , "Charles Darwin: Rhetorician of Science", in Harris R. A. ed. , *Landmark Essays on Rhetoric of Science: Case Studies*, Mahwah: Hermagoras Press, 1997, p. 13.

的语境重建特征。其次，作为一种科学修辞学研究方法，篇际语境分析具备修辞性剔除特征，而且对于修辞的效用分析、修辞术语转换以及隐喻的使用都有很好的分析效果。同时，科学文本研究中篇际语境分析的许多特征都是文本互涉的，文本选取的自由性与多样性，文本解读的关联性是文本性特征的集中体现。此外，篇际语境分析是一种由外及内的分析过程，遵循一定的篇际一致性原则。

篇际语境分析在科学文本研究中的广泛应用说明了其相对于传统科学文本研究方式的优越性，在它的影响下，文本间关系的探求已经潜移默化地成为科学文本研究中的必修课，任何试图全面剖析科学文本的工作都要首先对科学文本自身及其相关的篇际语境进行探讨。科学文本以其客观性、严密性、一致性等特点使传统科学文本研究工作困难重重，仅借助于数据分析已不能全面和有效说明文本信息，使用一种语境论的方法研究科学文本成为可能。科学文本的许多信息隐藏于干涩的数据表示之中，如何更好地将数据要表达的和能表达的表述出来是篇际语境分析的用武之地。篇际语境分析能更加灵活地应对各种问题，能够在科学文本分析过程中对文本的修辞性进行语境化解读，从文本之间关系角度加深对科学文本的理解，较为全面地把握科学文本所处的篇际语境以及系统地分析其修辞的使用，有助于研究者形成一种关于科学文本的系统的、全面的认识，对于科学文本研究方法的革新有重要推动作用。

篇际语境分析进一步补充和丰富了修辞分析。通过篇际语境分析的不断使用，修辞分析对语境的理解不断深入，文本研究过程中的语境绝不是简单的文本叠加，也不仅仅是围绕文本展开的因素集合，而是渗透到文本之中，参与到文本发展之中，并对之后的分析研究起到决定作用的。篇际语境分析是语境分析法在科学文本研究的具体应用，它丰富了语境分析法的内涵，对于理解语境分析法在修辞分析领域的作用大有裨益。篇际语境分析在科学文本研究中大放异彩,同样在其他修辞学研究领域有重要价值。虽然在科学论战研究和科学实验研究中并不是唯一的研究方法,但它仍是不可或缺的、具有核心价值的研究手段之一。

科学哲学从不缺乏创新精神,整个科学哲学研究历程都是在披荆斩棘中前进的,篇际语境分析的应用对于科学哲学的修辞学转向是很好的回应,对于服务科学的哲学思想有更多的启发价值。同时在蓬勃发展的修辞分析研究中,篇际语境分析作为深入人心的科学文本研究方法,逐渐催生出更多的研究成果,对于丰富修辞分析理论和应用有着重要意义。总之,篇际语境分析在科学文本研究中有着独特的优势,语境化的科学文本解读更容易让我们接近文本所表达的思想,在科学文本研究中不可能离开篇际语境分析,只有在这种方法的指引下,对科学文本的解读才会更清晰、更有意义。

第三节　科学案例研究——以科学争论为例

不断进步的科学和逐渐完善的相关社会建制,以及渐趋成熟的新修辞学理论,都为科学争论研究带来了转变。修辞学的认识功能从最初的修辞劝服扩展到修辞论辩,使得修辞作为一种认识论和方法策略为科学争论提供论证的途径与材料背景,并通过这些修辞功能将争论双方联结为一种交流和理解的关系,淡化了传统劝服的强力主体性,使得争论双方能够达成更加理性的科学共识。① 然而,对于在争论中如何正确理解科学的社会性等问题,科学哲学尚没有形成一种普遍公认的有效进路。将语境论思想与科

---

① 参见谭笑《修辞的认识论功能——从科学修辞学角度看》,《现代哲学》2011年第2期;谭笑、刘兵《科学修辞学对于理解主客问题的意义》,《哲学研究》2008年第4期;刘崇俊《科学论证场中修辞资源调度的实践逻辑——基于"中医还能信任吗"争论的个案研究》,《自然辩证法通讯》2013年第5期。

学修辞学结合，在语境交流平台中重新整合科学争论的具体案例研究，从而形成统一的科学认识，是解决科学争论问题的可行性研究思路。

科学争论伴随着科学的产生和革新，是科学发展历程中最具创造力和创新性的历史实在。它为科学和社会的对话搭建桥梁，为实验方法和思想理论的交流探讨提供载体，科学争论越激烈，就越能推动科学和社会的整体进步，越能加速陈旧学说的淘汰和先进理论的产生，从而"在各种不同的科学概念、方法、解释和应用之间，创造了一种内在的、深远的必要张力"[①]。科学争论分为内部和外在两个层面：内部争论主要考察科学的逻辑性，即科学理论是否符合客观规律、能否正确反映自然现象和实验结果；外在争论主要涉及科学的修辞性和社会性问题，是以科学为出发点，对自身进行的多角度、全面性审视。库恩在其著作中从不同层次对科学的组织、结构和社会建制等方面展开研究，由此引发的讨论使我们重新反思科学，科学哲学界对科学的修辞性和社会性问题的关注达到了新高度。然而，面对摆在新舞台上的旧问题，无论是修辞分析方法，还是引入其他相关领域的争论研究思路，各种尝试都无法针对科学争论问题给出一个较为满意的整体性解释。修辞学主要依靠修辞性策略与方法来完成具体问题的分析，在科学争论的案例研究方面做出了突出贡献，但它在理论综合上至今无法形成认识论层面的统一，长此以往的发展态势招致了学界对修辞学自身学科性的质疑。针对科学争论问题，如何修葺修辞学并构建一种渐趋完善的修辞分析，从而既能保留它在案例研究中的成果，又能形成一种统一有效的整体解释，是迫在眉睫的任务。在语境论视野下，借助语境分析法与修辞策略分析法衍生出的修辞分析方法论，构建语境交流平台，将科学争论的整体过程和具体案例统一于一系列的语境交流及转换过程中，为我们重新提供

---

① 郭贵春：《科学知识动力学》，华中师范大学出版社 1992 年版，第 183 页。

了解决科学争论问题的途径。

一　科学争论研究的进路

　　科学争论是一个非常复杂的问题，但自从 20 世纪中叶以来，从某种意义上讲，存在着两个不可忽视的发展趋势。首先，科学争论研究的问题由内部层面主导走向外在层面主导。科学争论隐含着科学论证思想，科学论证可以视作科学争论在传统意义语境下的特殊表现形式，这种预设了证明性过程并带有强力意旨性的研究视角逐渐局限于自然科学内部问题的研究范畴，与适应科学和社会高度结合的发展需求相脱节。与此对应地，科学争论不再局限于科学内核问题的分歧探讨，它所关注的主要问题也转向了外在争论层面。其次，科学争论的修辞分析方法正在走向一种语境论的融合。针对科学争论的主要问题，包括修辞学家在内的各界研究者，先从科学内部出发，而后借鉴外部研究方式的各种解决尝试，并没有形成一种普遍、完整、统一、有效的解释。而科学争论的修辞分析在体现科学的修辞性和社会性的同时不会削弱科学的实在性和逻辑性，随着自然科学的进步和与科学相关的哲学思想、社会建制的不断完善，科学争论走向了一种在语境交流平台中寻求协调一致的修辞解释过程。

　　（一）科学争论研究的主要问题

　　现阶段科学争论研究的主要问题集中于外在层面，即科学的修辞性和社会性问题。从整体角度讲，就是如何证明理论的逻辑有效性，如何说明科学使人信服的过程；如何理解科学活动的修辞性以及与科学相关组织结构的社会性，从而最终回答科学如何可能的问题。具体来说，就是科学争论需要涉及哪些因素和条件，使用哪些策略和方法，经历怎样的修辞转化过程，会对社会产生什么影响和结果；在科学争论中如何规避科学的修辞性和社会性难题而确信科学，从而在争论中产生更具科学性的理论；如何保持争论后科学理论的长久有效性；构建怎样的研究平台才能使得科学的逻辑性、修辞性、社会性达到一致，并且将科学的逻辑价值取向和社会价值取向统一于这个平台之中。

科学争论问题的两个层面既不能混为一谈，也不能完全对立，内部问题和外在问题是在研究平台基底上的统一，逻辑性、修辞性和社会性是在科学整体语境中的一致。在内部争论问题的研究上，科学哲学家给出了有区别却各自有意义的解释，如逻辑经验主义的证实观点和历史主义的证伪理论，它们分别从不同角度对科学如何成立的问题进行了回答。而外在争论问题的研究起步较晚，直到库恩在《科学革命的结构》中提出一系列诘难后，科学的修辞性和社会性问题才得到了科学家和哲学家们前所未有的重视。这些问题是近代以来科学发展所必须面临的，实质是高速发展的科学与其他学科的交流障碍和理解困难。库恩的工作改变了之前科学争论按部就班式研究状态，他的研究揭开了"科学逻辑和社会制度之间的裂隙，修辞学正试图缝合这一缺口"[1]，这就像是打开了潘多拉魔盒，将一些本来不在考虑范围内的问题摆到了我们面前——如何重新认识和理解科学，如何回答科学、知识和社会之间的一系列问题，成为科学哲学的主流研究脉络。

这些问题的出现使我们醒悟到，科学自身不能完整地回答科学的问题，但是内部解决的不完备也并不意味着外部手段的有效。佩拉等修辞学家对库恩的诘难做出了回应并努力在修辞学体系中构建解释方法，同时，哈贝马斯以及科学知识社会学等相关研究工作，从另一种视角对科学争论研究做出了一定启发。但是，从科学问题入手的纯内在的解释没有形成共识，以社会性问题为突破口的太外在的研究思路也不能很好地应用于科学争论中，到目前为止，尚没有一种理论能对科学争论问题进行全面和完整的解决。

（二）修辞学的回应

修辞学和修辞分析被看作最有可能解决科学争论问题的方式之

---

[1] Rehg W. , *Cogent Science in Context*, The MIT Press, 2011, p. 33.

一，多方面因素促成了它在科学争论研究中的地位。首先，"科学修辞进路是以案例分析为背景，以突出当代科学研究的综合性特征为宗旨，立足于科学争论，来考察科学家在确立理论与实验实施过程中的实际行为"①。鉴于修辞学在具体案例分析中发挥的高效作用和取得的卓越成绩，它已经成为解释科学的最主要方法之一。其次，科学的争论过程即交流的过程，而修辞在准备阶段和结果阶段仍然起到至关重要的作用，很多时候，修辞学的解释范围和效力大过科学理论内核，因此它可以很好地囊括科学争论研究。此外，随着新修辞学理论的兴起和科学哲学的"修辞学转向"，越来越多的学者尝试用修辞方法解决科学研究领域出现的问题，"科学家在试图说服与劝导对方的科学争论过程中，潜在地运用了修辞战略"。②

修辞学家将哲学思想与新修辞学理论结合，针对具体争论问题相关的科学案例进行修辞性分析并取得了较为丰硕的成果，但这些理论都有各自的侧重点，自圆其说的同时又带来了新的困扰，难以在总体上形成统一的解释路径。佩拉在尝试解决库恩所揭示的科学与社会间的问题时，是以一种逻辑思辨为主的研究方式进行的，他同意库恩对修辞的理解，认为科学解释不能仅限于演绎和归纳等推理论证手段，有时也应采用修辞的劝服方式。③ 佩拉的分析指出，科学争论中理论确信的关键在于，共同体在相当的时间内，经过一系列讨论后对理论强度的认可：科学争论中的理论选择或抛弃不取决于双方论据合理性程度的大小，而更倾向取决于这些论据背后理论劝服力的强弱。他采取了一种实用主义解决姿态，将科学的确信问题化解为科学组织对科学的采纳程度。普

① 李洪强、成素梅：《论科学修辞语境中的辩证理性》，《科学技术与辩证法》2006 年第 4 期。

② 李洪强、成素梅：《论科学修辞语境中的辩证理性》，《科学技术与辩证法》2006 年第 4 期。

③ Pera M. and Shea W. R. , *Persuading Science：The Art of Scientific Rhetoric*, Canton：Science History Publications, 1991, p. 35.

莱利通过分析社会因素和性质以扩展科学争论的认识维度，他的
研究比佩拉更具修辞代表性。他对修辞受众的探讨加深了我们对
修辞过程中社会心理层面的认识，但是普莱利的研究过于轻视科
学在当代社会文化中思想层面的潜能。① 佩拉与普莱利的修辞分析
理论从逻辑思辨角度和社会心理角度来讨论和理解科学劝服过程，
在他们的理论中，科学的社会性仍然仅限于科学的公共文化层面，
这些修辞研究在社会制度和社会语境角度未能深入建制层面，不
能很好地适应当代科学争论的需要。拉图尔将科学放入广阔的社
会语境中进行研究，他的修辞观点涉及科学的相关制度、组织和
科学家等社会建制方面，但问题在于，拉图尔的分析与其修辞方
法并不契合，而且他的策略方法缺乏规范性和一致有效性。②

　　以上的修辞学家对库恩问题的解决尝试都不够完整，同时每一
种方案又为后来的研究带来了不同程度的困扰，传统修辞学的研
究思路要么因贫乏修辞的策略性和科学的社会性而导致解决问题
的尝试局限于传统哲学的逻辑层面，要么相反，过于强调修辞性
而将这些解释尝试沦为对科学问题的纯粹修辞性解读。总之，这
些修辞分析理论在回答科学争论问题上遇到的困难是由其对科学
的修辞性和社会性认识的不彻底造成的。

　　（三）哈贝马斯和 SSK 研究的启发

　　哈贝马斯对争论的研究立足于社会性探讨，这种思路应用到科
学争论中能够产生不同于修辞学解释的功效，同时，他的研究还
首次体现了语境在争论中的作用。哈贝马斯交往行为理论的解释
效力不限于社会分析层面，他关于交流的理论同时也是一种关注
科学调查和论证的学说，在回答科学的社会性问题时比从科学角
度出发更有效。

　　在争论问题上，哈贝马斯交往行为理论中的修辞分析方法与传

---

① Taylor C. A., *Defining Science*, Madison: University of Wisconsin Press, 1996, p. 106.

② Rehg W., *Cogent Science in Context*, The MIT Press, 2011, p. 130.

统策略性修辞分析方法有很大区别。首先，策略性修辞分析方法认为，争论是"一方"采用修辞策略试图影响"另一方"思想或行为的过程，这一过程会向着作为争论出发点的一方前进；而在交往行为理论中，哈贝马斯认为双方是为达成一致而进行交流的，这种状态下的"另一方"更加自由。其次，交往行为理论体现出新修辞学的特点，弱化了参与者在争论中的地位，更加适合科学争论的逻辑和实践经验。此外，哈贝马斯主要从逻辑、思辨和修辞三个层面展开争论研究并将它们放到社会语境中考察，他强调理论符合逻辑规范的同时也应当注重修辞以及与此相关的社会建制，[①] 但哈贝马斯所谓的修辞层面缺乏实质的修辞性，由此产生了类似佩拉的问题，即缺乏修辞性的研究最终囿于传统哲学的逻辑层面。不过哈贝马斯认识到，当在两种具有竞争性的理论之间进行选择时，修辞的有效性要高于理性，或者要利用修辞策略在理性的基础上进行超越以保证我们进行选择或者干涉他人做出选择。在科学争论中，特别是当两种相对的解释在逻辑上并不存在根本的区别和矛盾时，修辞的作用要高于逻辑的作用。这是因为，鉴于科学争论中思想交锋的策略性意涵，争论双方作为参照的是一种实践主义的成功逻辑，而并不是绝对的真理逻辑，这种行为也为修辞在科学争论域面内打开了方便之门。[②] 例如，海森堡（W. K. Heisenberg）的矩阵和薛定谔（E. Schrödinger）的波动方程在数学上被证明具有等同性，尽管矩阵说提出较早，但是波动方程一面世就在形式和应用上占据了上风，其原因就是波动方程的修辞简洁性。

　　哈贝马斯发现了语境在争论中的作用，但没有将语境完全纳入他的研究模式中。他在交流模式的研究中要求参与者具备高度的自觉性，强调一种"有效要求"（validity claim），其实质就是争论

---

① Rehg W. , *Cogent Science in Context*, The MIT Press, 2011, p. 104.
② 刘崇俊：《科学论证场中修辞资源调度的实践逻辑——基于"中医还能信任吗"争论的个案研究》，《自然辩证法通讯》2013 年第 5 期。

中的语境相通性，只不过哈贝马斯理解的"有效要求"更多适用于社会范畴内的交际行为，而且这种研究侧重交流的真实性、可领悟性、正当理由及其真诚度。① 后三点要求内在地规定了科学争论中的修辞因素。科学争论要取得建设性的对话并达成共识就必须调度修辞资源以借助修辞学的论辩功能，从而通过修辞的一系列作用实现哈贝马斯的这种"有效要求"。② 高度自觉本身并不是问题，但在哈贝马斯的交流模式中缺乏一种动力机制，导致其理论动态性和完整性缺失的这一块拼图恰恰就是语境。哈贝马斯发掘出语境的价值却将其阻拦于外部，视其为遴选交流参与者的条件和保证讨论有效开展的前提，仅仅将其作为一种评价基础在理论的开始及结束时采用。③

另外，SSK 在科学、技术与社会的关系认识上存在一定偏差，这导致了他们将科学的社会性无限放大，从而把科学理解为由社会性主导的建构过程。技术是科学与社会之间的跳板，科学思想转化为技术支持才能作用于社会生产中，从而产生实际效益，纯理论的科学并不能对社会产生如此巨大和直接的影响。而 SSK 切断了科学与社会的联系，或者说他们将科学和技术混为一谈，这种将技术剥离于"科学—技术—社会"影响模式的行为，混淆了科学争论内部问题和外在问题，背离了科学本性，走向一种社会性认识的极端。同哈贝马斯一样，SSK 也认为科学应当放入社会语境中进行考察，但他们将科学视作由社会主导的思路势必导致一种科学的相对性、主观性走向，逐渐将科学推向一种混乱的、无标准的状态，这种理解方式无益于科学的发展，所以 SSK 的尝试在解决整体科学研究时力不从心。

---

① Habermas J. , *Communication and the Evolution of Society*, Boston：Beacon Press, 1979, p. 3.

② 刘崇俊：《科学论证场中修辞资源调度的实践逻辑——基于"中医还能信任吗"争论的个案研究》，《自然辩证法通讯》2013 年第 5 期。

③ Habermas J. , *Truth and Justification*, Cambridge：The MIT Press, 2003, pp. 106 – 107.

　　总之，在争论的相关研究中，哈贝马斯打开了语境论解释的大门，却没有坚持这一道路；SSK 正确地认识到科学社会性的重要却将其过分夸大了。哈贝马斯的研究偏向于争论过程中的哲学和社会学分析，他发现了争论开始和结束时所需要的语境因素，但他没能将语境应用于争论的整体研究中，忽略了语境对全局尤其是争论进程中的动态影响，他将动态的争论理解为逻辑、思辨和修辞的静态层面分析，不符合科学发展的趋势，但哈贝马斯对修辞结果的评价机制研究有助于我们理解语境和修辞在科学争论中所发挥的作用。① SSK 与哈贝马斯有类似的出发点却走向偏激，将科学放入社会语境中进行研究并不意味着科学需要完全社会化，这种通过外部认识来粉碎内部矛盾的方式实质上是对科学的消解，彻底社会化的科学等于没有科学，SSK 的这种理解既不符合逻辑规律也不能使人信服，更不能从根本上解决科学争论问题。

二　科学争论研究中的语境解释

　　科学哲学的历史主义、科学修辞学以及社会学的相关研究，从不同视角对科学争论问题进行了回答，但这些解决尝试都存在一定的不足，问题的根源就在于它们在解释时缺少统一和有效的融合型研究纲领和研究平台。科学争论的修辞分析并不是刻意在论证场中引入或然性因素，而是试图摆脱逻辑的"学究式谬误"和教条主义，还原科学争论的实践逻辑从而清晰再现科学争论的本原面貌。② 当代科学理论和形式更加抽象和超验，科学争论的判决标准更为复杂，修辞学作为科学争论的有力增长点，满足当前局势下科学争论多域面、多层次的发展需求。修辞分析在案例分析层面的发展程度超前于理论层面的研究，在回答有关具体科学争论的实践问题时能给出较为合理的解释。但由于各种修辞分析的

---

　　①　Rehg W. , *Cogent Science in Context*, The MIT Press, 2011, pp. 138 – 139.
　　②　刘崇俊：《科学论证场中修辞资源调度的实践逻辑——基于"中医还能信任吗"争论的个案研究》，《自然辩证法通讯》2013 年第 5 期。

零散性和非系统性，案例研究只有在特定的具体争论语境和内容中才有效，不同的争论研究没有形成一致的认识，这使得科学修辞学看似繁花似锦却没有统一的枝干，按照这种发展态势，修辞学太广泛的应用和太狭隘的理解都将降低其凝聚成独立性学术方向的能力并阻碍它作为一种科学解释方法的前进。更为严峻的是，案例研究透出的科学的修辞性并没有统一体现出整体科学的社会性，或者说，修辞分析的案例研究将科学的社会性拆分为具体案例中的社会性，然而对这些被拆分社会性的整合工作却是困难的。所以即使取得了较多的研究成果，我们仍不能确定修辞学对于理解科学的社会性是否具有真实的推动作用。我们认为，单纯的内部或外在的说明不能反映和满足科学争论的整体面貌和需求，内部和外在层面的问题可以在一定语境下相结合，科学争论需要符合修辞学解释规范的新认识论纲领，应当追求一种平台整合下的统一解释。

　　将语境论思想引入科学修辞学之后，在语境融合视野下构建交流的平台，形成科学争论的语境解释，是一种可行的研究思路。摆在我们面前的任务就是如何构建语境交流平台并在此基础上做出科学争论的语境解释，如何发展科学修辞学才能规避对科学的社会性的拆分，或者在拆分之后能否借助一定的研究方式完整地映射出统一的科学的社会性。具体来说，也就是我们应当如何处理科学的实在性、历史性、逻辑性、修辞性和社会性，需要一种什么样的解决方式才能更好地理解科学争论；如果在语境论中展开研究，那么如何超越传统修辞学解释，以具有语境论特色的方式解决科学争论问题。事实证明，语境融合走向符合科学争论研究的前进方向，同时这也是修辞分析所必须做出的选择。科学争论的语境解释改变了以往的修辞学观点，它将语境分析法与策略修辞分析法结合产生修辞分析方法论，将具体案例与理论研究综合，将科学的逻辑性、修辞性和社会性统一于语境论视野下和语境交流平台中，加深了我们对科学争论的理解并切实推动了科学进步。科学争论的语境解释的可行性和优越性表现在以下几个方面。

其一，顺应了科学争论研究的发展趋势。首先，语境思想所关注的是有一致结果产生的过程，在这种研究模式下的科学争论是不断推动科学进步的，而其他的一些论证性过程在一定语境下隐含于争论过程中，受外力主导的争论也由于过度涉及主观性而被排除于科学争论的解释范围。语境融合视野下的科学争论不同于传统修辞学意义上的科学争论，它认为单纯论证性争论结局的劝服力是有限的，这种结局实质上是一种科学创造性活动的过程，属于科学争论过程的一部分或争论的事件发端；同时，它认为因外力中断的争论应当属于社会学的研究范畴，因为外部主导的因素过多包含了主观性和不可控性，在科学争论的模式中不能完全适用。其次，语境既涉及科学认识和科学活动层面的内容，如科学理论的描述和选择、实验及测量工具的继承与创新，也涉及有关科学社会性层面的内容，如共同体的科学素养、社会政治干涉与制度建制、经济文化的驱动和导向等，这些内容继承并拓展了科学争论研究的域面，同时也极大地丰富了科学争论研究的内涵。

其二，解释效用要显著优于传统修辞学解释。传统的修辞学解释在分析科学争论问题时，关注到争论双方的独立性而忽略了争论主体之间的联系性，因此解释的落脚点往往是关乎某一方及其进行的自身超越，是一种"锦上添花型"修辞策略。而科学争论的语境解释认为，争论双方在寻求一致性的过程中，通过语境交流平台的互补融合，最终形成一种共同接受的新理论，这样的过程既能够保护新理论的成长，又能保证争论力量的培育。同时，它还认为解释的最终立场应该是争论双方关系的语境分析，即使是以某一方为主要修辞对象，也应当是由该对象出发的、针对另一方而产生的两者关系的超越或为了后续发展而刻意的收敛，是一种"韬光养晦型"修辞策略，这通过修辞对象之间关系的分析而将争论双方统一于修辞过程中。举例来说明这两种解释的区别，达尔文深知他所宣扬的理论会受到来自科学内部和社会各方的阻力，所以从《物种起源》的第一版开始，他就在一些显要位置援引了当时被普遍认可的神学自然观和古典自然观名言，这种做法在传统的修辞学解释中被认为是通过增加权威的引用来增强自身观点的合理性和逻辑性，是"锦上添花型"修辞策略；而语境解释认为这种做法是为了减小新理论被反驳的概率而采取一定的修辞手段，以缓和与旧势力的矛盾，最终为科学争论的展开和新理论的成长留足余地，是"韬光养晦型"修辞策略。显而易见，科学争论的语境解释要比传统修辞学更深刻、更全面。

其三，有效地解决修辞分析面临的问题，具体表现在如下两方面。首先，修辞分析的问题在语境论认识中能够得到很好的解释。从较高的层面讲，修辞分析面临的案例分析零散性与整体解释的缺失问题类似于真理认识的多面性与真理的唯一性之间的矛盾。在不同的语境下，科学真理的表象不同，产生的解释也不可能相同，无限接近真理的是在不同语境下所有合理解释的集合，这是语境、修辞在科学认识上体现出的独特魅力。例如在量子力学解释中，我们不必关心传统哥本哈根解释的效用范围有多广，也不必纠结多世界解释和退相干理论在关于世界实在和其演化出的历史表象的一和多的问题争论上谁更具合理性，只需要了解在某个语境下哪种理论更有说服力、更能说明自然规律即可。这些解释只是我们对科学真理的一种认识而不是真理本身，它们必然受到语境的制约。我们不否认科学真理的实在性和唯一性，但是我们必须首先认识到对科学真理多面理解的语境性。科学真理的多面性并不违背科学对自然规律简洁性的追求，在宴会上拉小提琴而赢得喝彩的爱因斯坦和在国际会议上令玻尔猝不及防地抛出"EPR佯谬"的爱因斯坦是同一个人，多样的表达并没有妨碍我们对背后实在的人或事物的统一理解。语境解释不是真理的相对主义解释，科学就像在不同场合下的缪斯女神，她每一次的衣着和言谈举止皆不同，我们不能直接认识到她却能通过不同的景象拼凑出对她的完整印象。"讨论哪个是'真实'毫无意义。我们唯一能说的，是在某种观察方式确定的前提下，它呈现出什么样子来。"①语境论观点认为，相较于抽象的科学概念，我们更应当关心在某种特定语境下体现出的具体科学的表现形式。与此类似，修辞分析进行的案例分析并不是无意义的，我们只是缺少一种交流的平台来将这些零散的认识统一起来，在语境融合视野下，科学争论的具体案例分析与理论研究能够得到相互渗透。其次，科学争论的解释困难能在语境中得到解决。语境论作为一种广泛应用的研究思路，在科学哲学领域特别是在具体科学问题的哲学研究中发挥了独特的作用。语境的边界是相对的、有条件的，但并不是相对主义的，②因为语境强调的是每个语境下独立的意义，而不是强调每个意义的差异性。修辞分析缺失一种有别于修辞策略零散性的认识论纲领，致使在具体科学争论研究中形成的成果不能转化为理论层面的统一认识，而语境解释可以直接回答为何案例研究如此不同却每一种解释都有意义，进而有助于将具体研究统一于整体的语境论视野中，在科学争论的范围内形成对科学的统一修辞认识。

总之，科学争论的语境解释本质上是具有修辞性的，它顺应了科学修辞学和科学争论相关研究的发展趋势，同时超越了传统修辞学方法的局限性，而且它与修辞分析的具体案例研究不矛盾，增加了我们对科学的社会性的统一认识，具有解决科学修辞学研究和科学争论研究相关问题的潜质，是一种可行的、有效的、优越的解释方向。

三　科学争论的语境解释意义

语境解释从新的视角重塑了科学争论的科学性和逻辑性，同时

---

① 曹天元：《量子物理史话》，辽宁教育出版社 2008 年版，第 173 页。
② 郭贵春：《语境论的魅力及其历史意义》，《科学技术哲学研究》2011 年第 1 期。

又体现出修辞和语境的特质。它丰富了科学争论问题的解释方法，更新了对科学活动的认识；既保全了语境下新思想的产生和发展，又加速了新旧理论的碰撞，催生出更具开创性的实验方法和测量工具；强化和规范了科学共同体的组织结构，对社会政策产生积极而有效的影响，推动了与科学相关社会建制和整体社会环境的不断调整和完善。具体表现如下。

其一，拓新科学争论的考察视角。语境论为科学修辞学和科学认识提供了重新审视自身发展的基础，语境解释是科学争论研究经过科学哲学的历史主义和修辞学的解释路径后所面临的最佳选择，它将社会语境和修辞语境融合于语境交流平台中，能够较好地对科学活动进行评价和解释。社会语境的目的要通过修辞语境的具体化来完成和展开，修辞语境在很大程度上是语用分析的情景化、具体化和现实化，它是以特定语形语境和社会语境的背景为基础的，所以，没有社会语境就没有科学的评价，而没有修辞语境就没有科学的发明。[①] 同时，科学争论的语境解释对参与者、争论运行机制、结果评价等方面的研究都提供了不同于以往的认识。

其二，科学争论是科学理性迸发的现实表现，语境解释为理性的进步铺平了道路。科学理性的进步总是伴随着科学的发展和知识的不断增长，新学说更容易在科学争论的土壤中滋生，同时科学争论能激化新旧理论体系的矛盾，推动不同科学方法的产生和对抗。在不断追求科学真理性的道路上，语境解释筛选出更适合科学发展的争论研究方式，最能检验理论和方法的有效性，有助于科学实验理论及测量工具的革新。科学争论的高级形态是激烈的科学论战，而科学论战又是更高级语境下科学革命的导火索，科学争论或更新了人们对旧理论的认识，或引起科学革命从而开辟科学研究的新领域，使争论后的科学语境焕然一新。此外，语

---

① 郭贵春：《科学修辞学的本质特征》，《哲学研究》2000 年第 7 期。

境解释强化了科学民主观，科学真理的判别标准逐渐挣脱权威的束缚，对科学价值的认同趋向于对科学争论结果的信服，相互批评的自觉性和争论的常态化促进了科学民主化进程。

其三，科学争论的语境解释增进了科学与社会的关系，促进社会整体环境和科学的社会建制的不断调整和完善。随着近代自然科学的蓬勃发展，科学作为一种独立的社会建制逐渐得以确立，这既是科学进步的体现，又是社会语境的需求。科学争论强化了共同体内部的认同感，巩固了共同体的学说基础，协调内部矛盾以应对外部挑战，促进了科学共同体的组织化发展。科学争论的语境解释有助于社会的发展，社会的进步又为争论的解释夯实基础，语境解释方法及评判标准深刻影响到社会决策的制定，并对现实生活中的科学理解产生决定性影响。科学技术的发展及工业化带来的各种社会问题所引发的科学争论是科学内部对发展中遇到问题的审视，这种争论深刻影响到当今社会中环境保护思想、可持续发展理念的产生和推广，以及全球语境下相关决策的制定。[1]

总之，科学争论的语境解释是在新平台、新高度对科学争论问题的整合，是科学修辞学和语境论思想的进一步完善和具体应用。语境解释从"修辞学转向"中厚积薄发，汲取新修辞学研究成果的同时避免了修辞学解释带来的零散性混乱，重新把握修辞学的发展方向。语境解释符合科学修辞学的客观要求，又能很好地协调科学争论中具体案例研究，从而为理论层面的统一做努力。在语境论中展开的科学争论注重科学的社会语境，它对范式之间的争论以及科学革命的过程有独特的见解，化解了激烈科学革命所带来的认识论难题，内含着科学理性的语境论思想能够避开 SSK 和范式不可通约性的歧路，能够加速科学争论整体研究模式的形

---

① Myanna L., "Technocracy, Democracy, and U. S. Climate Politics: The Need for Demarcations", *Science, Technology, and Human Values*, No. 30, 2005, pp. 137 - 169.

成，从而更好地认识科学理性和进步。在科学领域对相关语境的研究已经常态化，现实社会和历史的研究已经证明了语境对重大科学发现的相关贡献和作用。[①] 总而言之，我们可以肯定，走向语境解释是解决科学争论问题的最有前途的研究进路，这种融合研究也表明了修辞分析的完善和进步。

第四节　修辞分析的语境特征

在修辞分析的研究对象中，以科学争论为代表的案例研究最为激烈、最为典型，往往争论催生了新的科学理论或加速了陈旧学说的灭亡、新旧范式的转换，也正是因此，修辞分析的研究特征最能突出体现于科学争论这一类的修辞研究中。我们在上一节中已经论述了作为案例研究的代表性方向的科学争论的具体问题，本节仍以科学争论为切入点，通过在科学争论研究中折射出的语境性来探讨修辞分析的语境特征。

当代科学争论研究更加关注修辞性与语境性，由此产生了有修辞学特点的研究。与科学争论的传统解释方法不同，修辞分析革新了分析方法，将语境分析法与修辞策略分析法结合，既包含了科学争论的修辞学特点又融入了语境论特质，在对科学的逻辑结构、语言系统、价值取向等多方面的考察中，衍生出超越修辞性质的综合性分析法，在语境交流平台的构建和科学争论的整体分析中表现出修辞语境相通性、修辞语境转换性和修辞语境整体性等方法论特征。修辞分析为修辞学注入了新活力，在对科学争论问题的认识上展现出新面貌，在研究问题的内容和形式上体现出复杂性与多样性，在分析过程中表现出语境依赖性与修辞基质性，同时还在整体上具有过程动态性与科学公开性等认识论特征。

---

① Rehg W. , *Cogent Science in Context*, The MIT Press, 2011, p. 149.

一　修辞语境的相通性

修辞语境相通性是修辞分析中最基本的语境特征，它在修辞分析中发挥着重要作用，也是语境交流平台的基础，并在一定程度上改变了科学争论的判别标准。

在科学争论中，修辞语境相通性主要有两方面的作用。首先，它是科学争论进行的基本条件，是科学解释产生的基础。修辞语境相通性是语境中语形、语义和语用要求的结合，它包括相同或类似的逻辑结构，相通的概念与指称、符号系统，相近的语法和语义表达机制。科学争论的发端和开展、知识的产生和传播都需要相通的语境。其次，修辞语境相通性是不同争论进行交流的必要条件，也是区分科学共同体的标志。修辞分析不单是要研究科学争论的内部过程，还要求对争论外部和不同争论之间进行研究，在广阔的语境系统中，相通性是维系不同争论同步研究的基石。对于科学共同体而言，相通的内部语境是科学争论中区别异己的标准，同时争论结束后这种相通性程度的变化体现了共同体的分化和整合。

相通的语境是构建语境交流平台的前提，需要注意逻辑性、有效性和主动性三点要求。逻辑性要求科学争论所处的语境要符合科学本性、逻辑性和语义语法规则；有效性要求能够为争论参与者提供有效交流观点、交换意见、解决问题的论述途径；而主动性则是要求参与者和整个争论过程都具有自由的驱动力。修辞语境相通性的形成是一种自觉的语境构建过程，学科大背景下问题的讨论是在相通语境中完成的，同时争论的结果也处在语境之中，不可能产出超越语境的结果。科学争论参与者的科学素养、理论和知识背景以及其他社会因素都是修辞语境相通性的组成部分，同时，修辞语境相通性为科学争论中各要素提供了一个可交流的基础，最终促使形成一种互反馈关系。

修辞语境相通性超越了传统逻辑限制，改变了科学争论的判别标准，体现出科学语境与社会语境的适应。科学哲学从不同角度的研究表明，科学争论是一种依赖"有理由"大于"合理性"的分析活动，正如佩拉所指出的，争论中理论的选择在于论据背后的劝说强度而不是理论的逻辑强度。所以，依靠逻辑判决科学争论的传统方式已经不适用于科学和社会的发展，例如，神创论基本符合当时历史的逻辑标准和哲学需求，同时它对生物演变的解释并没有完全败于进化论，但这种观点已经不能与社会语境产生更好的交互作用，而进化论的观点明显更能顺应资本主义社会的发展态势和精神面貌，所以神创论不可能阻止和扼杀进化论的发展。也就是说，当逻辑不能判别时，"有理由"才是争论解决的强有力解释条件。科学争论研究中的修辞语境否认了不可交流性、范式的不可通约性，主张在相通的语境角度对问题提供一种协调解决方式。

二　修辞语境的转换性

修辞语境的转换性表现为平行转换、层次转换和上升转换，是修辞分析中最突出的语境特征。

修辞语境的转换性体现在四个方面：科学争论过程中不同层次语境的转换、参与者所处具体语境的转换、语境和各要素之间的转换，争论开始和结束时语境的重建型转换即再语境化。在科学争论的修辞语境中，要素之间和语境之间的转换会有平行的和层次的区别，而再语境化则是一种上升转换。修辞语境分析过程实质上就是语境不停转换的过程，科学争论的开启和发展以及结果都受到语境转换的影响，同时，语境转换也是判定和评价科学争论的重要标准。

语境转换贯穿整个科学争论过程，起到多方面的作用。第一，语境转换标志着科学争论的开启。一种理论或观点能否达到引发科学争论的程度取决于其是否引起足够程度的语境转换，当科学共同体认为一种学说具有争议性和争论意义时，更多的科学工作者参与到讨论中，此时的讨论语境才上升到争论的层面。第二，在争论过程中，双方进行的交互作用也是一种语境转换。语境转换能够发现新的理论增长点并生成新的解释域面。第三，争论结果带来的新语境较之引发争论时的语境不同，语境产生的变化动摇旧理论的同时又会对参与者产生影响，这种语境转换标志着科学争论的完成。第四，语境转换也体现在科学发展和成果应用中。在不同的语境中，同一概念符号所表达的意义和用法会有差异，例如在相对论语境条件下，经典力学的一些概念可以通过一定的条件相互关联而再次焕发生机，这是通过语境转换达到的不同语境下同一概念的新解释。所以语境的边界是可变化的，这既适用于宏观语境，也适用于具体的、微观的语境，语境转换的方法在整个科学争论过程之中产生作用，这体现在修辞语境相通性的构建中、参与双方对问题的交流讨论中、争论结果与其他理论的相互反馈中，可以说，修辞语境的转换性是科学争论活动进行的推动力。第五，语境转换是判定和评价科学争论的重要标准。争论结束时语境的变化标志着新科学认识的诞生，科学争论的成功不仅仅取决于相关理论逻辑的完备，更取决于相关语境的整体价值取向及其选择。

科学进步是对旧理论的扬弃和新理论的创造过程，修辞分析认为这种过程是在科学争论中通过再语境化实现的。语境论科学哲学思想主张把语境作为阐述问题的基底，科学理论是一定语境条件下的产物，在一个语境中为真的科学认识，在更高层次的语境中有可能会被修正或扬弃，这是在再语境化的基础上进行的。没有无条件普适和久适的科学理论，当一种理论面对难题，无法解决新问题时，通过再语境化能够使旧理论推陈出新，同时再语境化有可能产生新的科学解释。再语境化过程类似于拉卡托斯（I. Lakatos）所言的科学研究纲领方法论，但区别在于，拉卡托斯指的是一种理论修正，而再语境化是一种理论重建，它能给特定的科学表征增加新的内容，使原有的解释语境在运动的过程中得到不断重构。

三　修辞语境的整体性

　　修辞语境的整体性是修辞分析中最主要的语境特征，深刻体现于语境结构的整体性和语境交流平台的整合性上。

　　语境是多层级、多元素、立体的结构，语境论强调解释的整体性。语境是有层级化区别的，相同级别的语境会有细微变化，不同级别的语境也有差别，在当前语境下进行的解释在更高级的语境中不一定成立，反之亦然。语境由多元素构成，这些元素不但是最初争论语境所必备的条件，还是争论进行的推动力之一。语境是立体的结构，错综复杂的语境是一种发散而有序的立体型组织，整体性是语境本能的生动体现。同时，语境整体性是构建语境交流平台的基本要求，而在语境交流平台中做出的修辞分析也遵循这种整体性，修辞分析能够在科学争论中形成整体、全面的分析也都得益于此。

　　平台的整合性遵循了语境整体性的要求，体现在语境的纳入、排斥和借鉴作用中。高级或广阔的语境会将那些完全符合自身的语境、要素等纳入自身范围内，从而形成更广泛有效的解释；或者，它通过排斥异己从而划定自身的界限，曲线达到整合的目的；再者，语境会吸收和扬弃一定的成分，从而改进自身的理论解释及工具方法。在语境交流平台之中，科学争论能够较好地将内部矛盾和外在问题相渗透，使具体的案例研究统一于一种认识论和方法论要求中，并对形成统一的解释理论做出指导。同时，语境交流平台能够整合科学的逻辑性、修辞性与社会性，促进科学争论的内部问题与外在问题的融合，有利于在统一的平台中形成一致认识。例如，量子力学的建立并不意味着传统经典力学体系的土崩瓦解，而是在一定语境下，将经典力学解释为量子力学的一种特殊形式。

四　形态多样性与内容复杂性

修辞分析对科学争论研究认识路径的转变以及在研究问题的内容和形式上体现了多样性与复杂性特征。首先，修辞分析将科学争论研究的认识路径由"案例引出问题"的研究模式转变为"问题联结案例"的研究模式。传统科学解释倾向于从现实表象中探讨背后的问题，而修辞分析扩展了这种认识路径，提倡一种由问题主导的研究方式走向从问题出发的多案例联结研究。语境论思想注重动态活动中真实发生的事件和过程，参与者处在事件和语境的构造过程中，语境反过来也影响参与者的行为，语境论将实体、事件、现象等具有实在特性的存在视为是在相互关联中表述的，是一种相互促动、关联的实在图景。① 一方面，这种认识路径的转变彻底改变了探求科学争论问题解决的研究方式，由问题出发而联结案例的研究模式能将类似的科学案例进行并向分析，从而有利于发现多案例的共同性质，有助于归纳修辞策略从而最终产生统一的理论解释，在很大程度上解决了修辞分析中各种案例研究之间、具体案例研究和理论综合研究之间的不协调问题。另一方面，修辞分析的认识路径使整个争论过程的主导权走向客观性。传统的研究模式针对单个案例引发不同问题的思考，在客观性上备受争议，这种认识路径要么是比较单一的，要么是具有主观倾向的，而修辞分析从争论的问题入手，以多样的案例作为例证，将"一个案例多个问题"的对比关系颠覆成"一个问题多个案例"，更具有全面性和客观性，同时更具说服力。

其次，修辞分析在科学争论问题的研究内容和形式上表现出多样性与复杂性。科学争论的根本问题是内部问题和外在问题的结合，也就是"科学在争论中如何可能"的问题。具体来说，包括共同体内部关于科学的概念和指称、理论和认识、结构和推导、

---

① 殷杰：《语境主义世界观的特征》，《哲学研究》2006 年第 5 期。

工具和方法等分歧；科学发现与理论发明之间的语义建构；科学传播中的社会环境、心理与认知因素；科学发展与社会建制的同步性问题等方面。科学争论研究多种形态，既包含科学认识论层面的争论，也包含科学方法论层面的争论，以及由科学引导的外部争论。具体比如科学的革命性争论，如大陆漂移说的提出引发了地学革命；社会性科学争论，如克隆技术应用对社会影响的争论；科学解释性争论，如对科学思想的不同认识或由科学争论所引发的理解性争论；科学本体论争论，如科学实在论之争；科学优先权争论，等等。总之，对于修辞分析来说，其研究对象包含了自然科学内部关乎科学规律的争论，同时涉及科学与社会问题的争论，其问题的复杂和多样程度集所有科学难题于一身。

五　修辞基质性与语境依赖性

在要素和过程分析中体现出修辞分析的语境依赖性与修辞基质性。首先，科学争论的修辞语境将参与者纳入语境结构中，作为一种语境要素进行分析处理，杜绝了以参与者为主导的研究模式。传统的科学争论局限于简单的交互（见图 4.2），是对传统修辞学理论的应用，即从参与者出发的修辞策略研究，这种模式会导致一定的主观性和相对性。哈贝马斯采纳了新修辞学的思路，试图将参与者统一于一种双方互涉的状态，从而修补这种缺陷。这种做法通过促进交流而弱化了参与者的地位，但争论和交流仍过分依赖参与者的自觉性，而不是整个争论系统的自觉性，所以哈贝马斯的解释没能从本质上脱离传统研究的诟病。由于科学不是个人或某些组织的独立活动，因此从语境论角度讲，科学争论只关心争论的结果是否对科学有益，而不关心结果由谁主导，因为即使一方的思想对结论产生了较高程度的影响也不能判定另一方的观点是完全错误的，我们认识到的只是当前语境下的某种更加合理的科学解释。此外，科学观念不会突兀地提出或孤立地存在，一定是限定于时间、场合、方式等条件下，包括科学家自身在内的多因素构成的复杂语境系统中的。争论过程中产生的变化受到语境的影响，同时争论的结果又会使得参与者所处的语境发生转变，争论中的个体或组织在辩护时会参照对方所处语境对自己的理解做出不同程度的修正，新的解释在双方共有语境的参与下才能完成。

其次，修辞性特征体现在整个争论过程中，而不仅仅是 SSK 理解的参与者与理论构建层面。科学争论是恰当的逻辑描述和有理由的修辞建构过程，修辞分析认为科学争论的实质是不同语义系统的修正和扬弃，争论双方要具备相通的语义结构以便在争论中理解对方并做出回应，若非如此，争论将演变为一种"公说公有理，婆说婆有理"的语言层面的不可通约状态。在争论过程中，相同的科学素养和相通的语义体系都始终存在于语境系统之中，这些必要的语境因素也是参与者必须具备的修辞要求。因此可以说，修辞分析规定了科学争论从一开始就是在限定的修辞语境条件下展开的，整个争论和解释过程体现了修辞基质性。

六　动态过程性与科学公开性

科学争论过程的动态性与科学公开性。首先，修辞分析使科学争论成为高度自觉的互动模式。如果将传统的科学争论模式比作一场你死我活的战争，那么语境论视野下的科学争论更像是当今国际协议的交流过程，参与者 A 和 B 在交流的基础上努力争取或者做出让步从而形成一致性，这种一致性不是"要么 a，要么 b"性质的论辩式结论，而是一种交互状态下问题解决机制的协调（如图 4.3 所示）：互动模式下的结果包含了原先参与双方的思想成分，因此它既是 a 又是 b，同时它们又不同于原来的理论，所以它既非 a 也非 b。此外，由于理论自身一定是负载着参与者的价值取向，这种价值负载能够将争论活动置于一种动态的完善过程。无处不在的语境转换反映了整个科学争论过程的动态性，也是修辞分析区别于传统修辞学解释的重要标志。

图4.2 传统的科学争论研究模式 　图4.3 语境论视野下的科学争论
　　　　　　　　　　　　　　　　　　　　　　　研究模式

其次，科学争论与科学理论和活动直接相关，具有高度的科学公开性。私密的学术沙龙远远不足以形成规模化的科学争论，只有公开性的讨论才有可能上升到科学争论的层面，争论的双方以公开的形式为各自支持的理论进行解释和辩护，共同寻求问题的一种解决途径。科学争论可能由某些与科学不相关的人或事件引起，这些不具备科学性和公开性的一般讨论只能作为科学争论的前奏，例如，"两小儿辩日"并不足以引起日心说与地心说的争论，但是当人们对这种太阳距地远近问题的争执程度上升到由科学家参与并主导的过程时，一场科学争论也就正式拉开了帷幕。科学公开性要求参与者具备专业学术领域的规范要求，以便有针对性地对观点进行辩护和反驳。近代以来，科学发现优先权争论愈演愈烈，例如牛顿和莱布尼茨关于微积分发明先后的争论持续引发了乃至两国科学界的争论，科学对公开性的要求也更加明确和迫切。

可见，修辞分析的认识论特征和方法论特征实质上就是修辞性和语境本质的体现，这些特征将修辞分析显明地区别于其他解释方法，将解释对象的逻辑性、修辞性和社会性连接起来，从而形成完整的科学解释。

第五章 修辞解释模式的构建

　　科学理论分析活动中产生的修辞学研究模式多元而复杂，但我们能从其中梳理出文本语境辩证法与文本研究中的语境模式、修辞分析主体弱化与社会互动模式的影响等研究趋向，并在此基础上试图构建一种融合科学语境、修辞语境、社会语境等的修辞解释模式。这种模式是修辞学作为一种方法论学科介入科学解释后形成的比较有代表性的理解和思维模式，主要体现在科学修辞表征和解释过程以及科学修辞评价与判定机制等方面。这些既是修辞解释模式应当遵循的逻辑基础，同时也是在认识论角度探讨修辞分析作为一种完整和独立科学解释的逻辑要求和规范所在。

第一节 修辞解释模式的发展

　　相较于传统科学解释，修辞分析是一种动态、多向的复杂过程，是一种强调解释整体性和主体性的过程，是强调语境性的科学解释。但实际上修辞解释模式的形成并不是一蹴而就的。在修辞解释模式真正产生之前，如果我们笼统地将修辞学发展过程中的解释趋向也称为解释模式的话，那么纵观其各个发展阶段，可以概括为文本语境辩证法与文本研究中的语境模式、修辞分析主体的弱化与社会互动模式的引入两个主要层次。这两种层次并不是明显区分的流派关系，而是一种相互交织的发展趋势。

一　修辞分析对科学问题的关注

在科学哲学解释范围内，科学修辞学自库恩之后才真正作为一种科学解释思想而正式介入科学问题研究，这尤其体现在它对自然科学及其哲学的衔接问题的关注，其中最具有代表性的就是科学修辞学对科学发展模型理论的研究。

科学发展模型理论又称科学理论的发展模式，是指研究科学思想前进的过程并将其模型化的理论。库恩的范式理论以及拉卡托斯的科学研究纲领方法论是当代科学哲学史上最著名的两种科学发展模型理论，两者都能很好地解释科学理论的产生及发展过程，但同时也存有一定的局限性。科学修辞学作为 20 世纪末新兴的科学解释思想，以修辞分析为基础构建的科学发展模型能较好地规避前者的不足，并体现出科学思想的动态变化过程。

从亚里士多德开始，一直延续到逻辑实证主义的归纳—演绎模式，突出地反映了科学材料、数据、假说、理论、成果等累积发展的情况。与此路径各行其道的是，笛卡尔、孔德和波普尔等继承并提出的猜想—反驳模式，反映了科学历程中特殊节点上否证式发展的情况。而随着科学哲学中历史主义和后现代主义的兴起，从某一角度论证科学发展历程的观点都不能完整囊括科学理论构建过程的复杂性。为此，库恩和拉卡托斯等哲学家先后提出新的结构模式，试图在新的科学哲学平台上体现出科学理论变化的历史性和社会性问题。

"范式"这一概念由库恩在《科学革命的结构》一书中提出，库恩后来将范式演化为"学科基质"、"范例"等不同术语。但是无论形式如何变化，范式理论代表了近代以来较为经典的一种科学发展模型。

范式理论的成功在于，它为科学家和哲学家提供了一种崭新的认识科学思想的方式。第一，范式概念建立在科学共同体的行为基础之上，并对科学共同体有一定的规范作用和约束力：范式是共同体的范式，共同体是范式下的共同体。第二，范式的演化过程体现了一种动态模式，这种动态性与我们所认识到的科学发展历程基本特征相符合。为此库恩将范式的动态性通过几个阶段区分开来，依次是前范式阶段—常规科学范式阶段—反常与危机阶段—革命阶段。

范式的这种演化思想能很好地解释科学史上的一些理论演进过程，但其根本性困难就是不能解释两种范式更替时的连续性。库恩认为，两种理论的变换是一种世界观的彻底改变，不存在哲学角度的延续性，因此它们是不可通约的。如此一来，范式理论就掐断了各个科学理论之间的连接能力，致使原本动态的发展过程转换为一个个静态结构的序列。这很明显是不符合科学思想发展历史的。

库恩在《科学革命的结构》中将修辞思维列为解决不可通约性问题的关键方法。在科学修辞学视野中，范式的不可通约性并不代表一种不可交流性。因此不可通约性实际上可以理解为两种范式思维下的同一共同体，它对于同一种事物也会由于所处语境的不同而产生具有差异化的观点和结论。也就是库恩所说的"竞争着的范式的支持者在不同的世界中从事他们的事业……两组在不同的世界中工作的科学家从同一点注视同一方向时，他们看到不同的东西"。两种范式并没有错与对之分，在它们各自的范围内，都有一定的价值，只不过在一种全新的研究范式中，旧学说及其词汇之间产生的新的联系，这导致了一种不可避免的结果："两个相互竞争的学派之间存有误解……革命前后的沟通必然是不完全的。"①

由此可以看出，范式在其表述理论演化过程时是一种动态的过程，但其内部实质却是静态的。范式理论给出了解释科学史上一

---

① 参见［美］托马斯·库恩《科学革命的结构》，金吾伦等译，北京大学出版社2003年版，第十二章。

些理论演进的新视角，但是同时将科学理论限定在一个框架内，在这个框架内的科学思想是难以让之外的共同体理解的，这无益于科学理论的通用解释，反而为科学思想的发展设定了一道鸿沟，最终切断了科学理论之间的交互作用。

拉卡托斯的科学研究纲领方法论是一种精致的证伪主义，同时也是范式理论的发展和完善。拉卡托斯不完全同意波普尔的证伪法，他不认为一个科学的理论仅仅通过一个反例就能被击倒，同时他也不同意库恩所说的范式更替没有任何连续性的观点。

简单而言，科学研究纲领理论的核心是由硬核、保护带、正面启发和负面启发四个要素组成的。拉卡托斯认为，一个完备科学理论的内核是不容改变的，当内核产生变化时也就宣告了此理论的破产；为此保护带起到一个缓冲作用，将对内核产生威胁的冲突引向自身，并试图化解这些矛盾；正面启发和负面启发则是对是否应当采取某种措施做出一定的规范性指导。

就其优越性而言，科学研究纲领能够进一步解释科学理论的发展，并对范式不能回答的一些问题做出应对。科学研究纲领理论在范式理论的基础上，加入了"保护带"这一概念，用变化的保护带去保护不变的硬核，所以可以将硬核实质上理解为范式本身。从这个意义上讲，科学研究纲领实际上是对范式理论的一种修补，但它并没有从根本上改变范式留下的诟病。科学研究纲领仅仅是用保护带来解决不可通约性，但其硬核本身还是"不可通约的"，只是在辅助性的保护带理论之间存在交流，这无疑是一种不彻底的变革或者说改良；其次正面启发和负面启发也不能保证理论的连续性，更不能解决各种范式或科学研究纲领之间的孤立性。这种看似合理的解释实际上会将科学引向无限的恶性循环和自顾自的盲目解释。问题突出演化为，按照此模型产生的理解，两个科学理论之间根本不存在判决性实验或者是非问题。因为针对一种矛盾，各自科学理论都存在各自的保护带，它们的内核仍然可以解释同一问题而并行不悖。显然这种状态对于推进科学理论的进步是无益的。

哲学的"修辞学转向"运动为我们重新提供了一种研究和分析科学发展理论的视角。在科学哲学史上，库恩的范式理论和拉卡托斯的科学研究纲领理论都存在一定的弊端：它们往往在整体上呈现一种动态趋向性，但当使用这些理论来具体谈论某一问题时又回归到某种程度的静态平衡。科学修辞学之所以将修辞分析作为研究科学发展理论的武器，正是因为修辞分析思想在整体角度和具体分析中具备的动态性特征。这种优越性也表明了修辞分析对科学发展模型理论的构建是十分有研究价值和意义的。

科学修辞学与传统修辞学不可同日而语。科学修辞学强调"交流"，修辞双方在整个修辞过程中应当是互动的、积极的，而不是被动地授予和接受，也不能是简单的协作，应是一种共同建构理论、双方协调交流产生修辞结果的过程。在科学修辞学的视野下，修辞分析的双方或多方，在一定的科学理论语境下共同提出自己的思想并相互借鉴，这些有价值的成分可以促进交流过程中统领解释双方并催生出一种可以协调的新理论。

因此可以说，借助对科学发展理论的解读，我们发现修辞分析作为一种具备科学理论分析能力的方法论工具，在科学解释领域研究中发挥了不可替代的作用。科学修辞学视野下的科学发展理论是一种动态的结构，是不断变化的，各个理论之间也是一种开放交流的关系，在这样一个发散式的网状结构中，能够很好地孕育并产生新的科学理论。

可惜的是，修辞分析这种优越性并没有最终促成一种具有统一解释模式的研究理论。或者说，修辞解释模式的形成仍然存在一个渐进的过程。

二　文本语境辩证法与文本研究中的语境模式

文本语境辩证法最初成型于维切恩斯关于文本结构关系的研究。他指出文本内部结构、外部结构、结构之间等都存在一种辩证的关系，这种思路对于科学修辞学产生了重要影响。正是维切恩斯对文本修辞研究中内部语境问题的关注，使得修辞学分析方式从一种工具提升到一种研究实践行为。这意味着，在使用修辞策略研究文本对象的同时，修辞自身也将发展成为一种被研究对象。这种从工具到行为的认识转变，使得科学修辞学成为一种可能的科学理论研究思路，并最终促成了修辞分析的产生和发展。并且在这一进程中，维切恩斯所做的工作促使后来修辞批评更加关注修辞对象的相关语境分析，也使得语境问题成为修辞研究的基本问题。

这里我们不再赘述由维切恩斯的修辞辩证法引发的不同解读，但是可以说，文本研究中的语境模式才算是真正在科学修辞学研究中形成的一种特殊趋向。第一，科学文本中的论述往往会自觉考虑语境问题。例如，玻姆在讨论量子力学中隐变量解释时使用的语境概念。第二，修辞学家在分析科学文本时，同样会自觉使用语境分析。例如，科学哲学中讲求的科学比较研究，以及修辞分析中对文本上下文和文本之间篇际语境的关注。

这种趋向的最主要作用就是挖掘出语境融合视野在科学修辞学研究中的作用，并由此引发了科学修辞学的语境论转向。如果想要进一步以语境基底构建一种修辞解释模式，就需要在此基础上促成修辞学研究对科学实践的解释。因为到目前为止我们所说的语境模式，究其根本是指文本研究范围内的而并没有涉及科学实践的内容。实际上在修辞分析研究中，科学文本是最经典、最原始、最主要的研究内容，但是科学实践才是科学问题及其解释的最终归宿。

然而受制于文本解释模式，我们总会倾向于一种主体视角的研究，即从修辞分析者主体作为理论解释的出发点。这种解释模式自哲学兴起之时就已经存在，尤其是古典修辞学将其放大。不过在新修辞学研究之后，这种修辞分析主体的弱化趋向就越发明显。

三　修辞分析主体的弱化与社会互动模式的引入

新修辞学最早将解释者主体问题提高到一种根本性的层次。科学解释的产出机制与结果都在一定程度上受到主体作用的影响和约束。将研究者或解释者作为解释主体是传统意义上约定俗成的规则，但这又无法保证解释的纯粹客观性和科学性。当以研究者作为解释主体和出发点时，科学与人文的对抗中存在着一种互补的张力，同时也存在着不可调和的矛盾。进而产生了许多在研究范围内无法解决的问题。比如，如何确保研究者的自然差异与客观选择，如何弱化、排除科学研究和科学解释中非理性因素（心理状态、宗教信仰、科学态度、权威影响、文化背景、性别歧视、个人喜好等）的干涉作用。这种矛盾任何一方的极端化都不利于科学研究的整体进步：如果任由主体性问题无限放大，则会走向一种相对主义乃至虚无主义认识，这容易引起科学解释及其概念的混乱甚至消解科学对象和科学命题；而单纯追求科学性和逻辑性又会走向某种程度的教条主义，最终也不能全面而完整地统领科学解释。

新修辞学及其同一时期的社会学等理论强调解释的"同一性"，这首先是对解释者主体模式所具有的科学性和合理性的质疑，同时也是对人性的解放，是在当代社会进步趋势中对科学解释问题的民主化诉求。而对于科学哲学来说，由于解释主体性问题在部分程度上导致了相对主义乃至虚无主义解释，因此这一问题也成为探究的热点。从科学哲学角度而言，也就是如何在一种综合角度上保证解释的客观、合理、有效。科学并不是纯粹依靠逻辑、数据、推理规则等的，无法挣脱修辞的羁绊。于是以修辞学为代表的在传统科学理性之外的解释成了新兴的科学理论研究力量。

科学哲学的发展历程中，逻辑经验主义之后兴起的历史主义和修辞学等潮流已经很好地昭示了科学并不是纯粹依靠逻辑、数据、推理规则等的简单堆砌和复合。所以说，主体性问题关系到如何在一种综合角度上保证科学解释的客观、合理和有效。这在一定程度上也反映了当代科学解释研究中有关科学实在论的辩护。针对这一问题形成了两种研究趋向：一种是后现代主义的解构思路以及在此基础上的主体性"重建"或"重构"；另一种是以修辞分析为代表的有别于传统认识的新兴解释，它们讲求主体性问题及其结构的"再语境化"，或者说一种主体性转移。

与对待其他预设概念一样，后现代科学哲学思想以摧枯拉朽的破坏力对科学解释主体性问题采取了一贯的解构思路。然而这种解构行为致使主体性问题的研究流向了"怎么都行"（anything goes）的历史主义和虚无主义。这演化成一种解释主体性的丢失现象，进而导致了许多棘手的问题，例如限制了修辞等或然性研究方法在解释过程中的自觉使用，或者从另一种角度将它们推崇到一个不合时宜的高度。但从本质上而言，后现代科学哲学并不局限于解构行为，而是旨在推翻权威的过程中构建一种均等、平衡、协调的状态，所以解构意味着可能会存在一种重构或重建过程，由此后来的科学解释大都遵循了这一"解构—重构"模式。科学社会学领域内的知识建构论就是这种典型代表，SSK 的这种思路既可以认作一种主体性的肢解，又可以称为科学解释主体性的"外在决定论"。而社会学为我们解决此问题所提供的启迪远不止这些，特别是它们对于社会行为中的动态性探求具有重要价值。其一，以哈贝马斯社会交往理论为代表，社会学研究对社会阶层的交流问题的关注顺应了解释主体性的弱化趋势，这种社会学角度的互动模式为其他领域的进一步研究提供了参考。例如，推动了新修辞学等学科对解释双方主体性问题的关注，从而将修辞学域面内的解释行为理解为一种交流行为，在根本上否定了传统意义上研究者主体对解释的决定性作用。其二，正是主体性的弱化，使得解释双方在参与到解释过程中时都能够发挥各自能动性作用，并形成一种动态的解释与反馈效果。这种整体角度的动态解释模式给出了一种超越科学文本静态分析的思路，从而为修辞分析等思想的兴起奠定了基础。

当代科学哲学仍在不懈寻求一种基底或平台，从而使这种张力作用在此基础上为科学解释提供动力支持。但是我们不得不承认，解构和重构的反复更迭过程并没有彻底解决主体性问题所带来的困惑。科学解释虽然可以通过具体领域内多种形式的重构获得新的解释效力，然而这种进程在为科学认识论增添多元化解释时并没有形成一种凝聚力，或者说在跨领域研究层面难以找到一个基点使得各方达成共识。

相较于"解构—重构"思路，修辞分析等新兴解释理论追求一种思想观念上的"哥白尼革命"。这种认识转变反映了后现代哲学研究中对非传统方法论工具的重新挖掘，也见证了科学修辞学等研究方向的自身发展历程。科学哲学家面对越发复杂的科学解释理论，将主体性问题融入科学实在论与反实在论的论争过程中，这为修辞分析等新兴解释理论提供了引领新时期科学哲学风潮的契机。

传统科学修辞学研究视角同样受困于科学主体性问题的窠臼，但它最终坚持了一种弱化主体性的趋向。科学文本作为修辞学最主要的研究领域，文本解释模式总会倾向于一种主体视角研究，即以文本构建者或修辞分析者作为理论解释的出发点。这种解释模式甚至可以追溯到古希腊哲学和修辞学兴起时。针对研究者主体性所存留的问题，20 世纪兴起的新修辞学采取了一种对主体性的削弱态度。新修辞学理论的最大特征在于伯克等的"认同"（indentification）观点，也就是通过修辞策略使得交流过程、交流双方、交流观点等达到某种程度的一致性和契合度，从而推动修辞分析的进行。新修辞学所追求的"同一性"在一定程度上缓解了科学共同体内部的科学解释和范式等的通约性问题，比如在研究对象、研究方法、研究目的上促使科学研究趋向统一。这种同一性与社会学的交流互动模式在本质上是殊途同归的，它们对解释者主体模式所具有的科学性和合理性提出质疑，这反映了在当代社会进步趋势中对科学解释问题的民主化诉求。随之而来的是，科学解释的主体性不再集中于解释者身上，而是隐匿于解释行为和过程中。同时我们还应注意到，20 世纪的科学哲学研究形成了一股复古潮流，语境论思想就是这种潮流的代表之一。它实际上是回归了语言学层面的解释效用，尤其是在对科学对象展开研究时注重语形、语义和语用分析。语境论点醒了科学理论研究和科学解释中的共性：无论是自然科学家所做的工作还是社会科学家所进行的分析，都潜移默化地将科学语言语境作为最基本的出发点和基础，因此在语境平台基底上就可以完成概念、观点、解释的转换与融合。

科学修辞学传承于新修辞学思想并植根于语言学研究，因此修辞分析在对主体性进行怀疑的基础上完成了重塑：首先，将科学共同体内部的研究者们、其他受众等都统一视作平等的科学参与者，弱化研究者在解释过程中的主导作用；其次，将上述科学参与者纳入解释过程，将主体性转嫁于解释行为和解释过程中，从而实现对其整体角度而言的主体性考量。修辞分析对主体性问题的这种重塑做法，带来了科学解释认识上的一些变化。首先使得主体性问题不再取决于解释者单方面的因素，而是强调了解释行为及解释过程整体的主体性，使它们最终达到一种多因素的、多语境的平衡态。其次使得实体性问题扩展为科学解释的整体实在性，这进一步引发了关系实在论向语境实在论的演化，从而将科学解释对象的主体性、主体间性等问题统一于同一解释平台和模式下，为科学实在论的辩护提供了一种新的途径。同时，这种重构思路使得非体系化的解释逻辑获得了更加广阔的应用空间，为模糊逻辑和语境逻辑等工具参与、完善科学解释提供了合理性论证。

修辞分析研究在真正意义上完成了对解释主体性的重塑。不同于新修辞学对同一性的追求，也不同于后现代主义对主体性的解构思路，修辞分析试图将主体性重塑为解释行为的主体性。这种重塑在本质上类比于一种再语境化方式，在弱化修辞分析主体的同时，弱化了修辞的地位，将"修辞"这一概念语境化地内含于修辞过程的诸要素中，并作为科学研究的根隐喻和基本属性。从而将主体性问题转化为对解释参与者所使用的策略研究，大大降低了研究的难度和复杂程度。但是我们仍然需要注意，这种修辞分析行为中体现的主体性与作为整体意义上的主体性之间的联系与区别，以及这种平等互动模式的理想化与现实差距。总之无论如何，科学解释主体性的修辞重塑为我们提供了一种新的理解和解答方式。

修辞学与社会学研究有着千丝万缕的关系。科学修辞学的兴起受到了科学社会性研究的启迪，并且两者的早期研究在 SSK 等理论中有融合的趋势。从实质上讲，科学修辞学从社会研究中汲取的最大养分是哈贝马斯等所引导的社会互动分析模式。

当修辞分析纠结于文本分析问题时，部分研究者注意到对解释动态性需求的重要性。哈贝马斯等的理论从两方面深深影响到修辞分析的理论进展。第一，社会学研究中对互动交流问题的关注。以哈贝马斯的社会交往理论为代表，它进一步推动了新修辞学对解释双方主体性的关注，并将解释行为转换为一种交流行为，从而在根本上否定了解释者主体的根本作用。这样一来，首先是顺应了当今科学解释对主体性的弱化趋势，同时又从社会学角度提供了一种互动交流的模式和机制，为其他领域的进一步深化研究提供了参考。第二，从整体而言的解释动态性。正是主体性的弱化，使得解释双方在参与到解释过程中时能够发挥各自的作用并形成一种动态的解释与反馈效果。这种动态解释模式对于修辞分析过程尤为重要，能够提供一种超越文本静态分析的借鉴作用。得益于社会分析等方法的成功提供经验，上述的研究趋势使得修辞分析能够在科学实践研究中发挥作用，从而使得修辞分析的研究域面从文本分析跨向科学实践等内容。

但是研究表明，即使是走向科学实践内容研究，科学修辞学也并没有比之前产生翻天覆地的变化，或者说，它仍旧是旧理论工具在新舞台的使用。那么问题就集中于，在逻辑演进上并未出现纰漏的情境下，为何修辞学研究出现了这种水土不服的现象，而并没有形成我们预期所达到的解释效果和解释理论的产出。我们发现，这一问题主要在于，新形势下科学修辞学研究并没有从根本上解决自身定位，并未完全融入当前修辞分析所需要的理论背景中，具体来说也就是，修辞学并没有解决修辞分析的语境构成问题，即它并没有梳理科学语境、修辞语境、社会语境三者之间的互动关系。这表明，即使我们可以将当前修辞分析研究归为一种语境论趋向的科学解释，也仍不能在语境基底上系统地产出分析结果，而停留于一种模糊状态。这在大方向上并无出入，但我们还是对于科学理论研究保持一种精致化追求。因此对于科学语境、修辞语境、社会语境三者构建的修辞分析的结构，就成了在提出完整的修辞解释模式之前所要必须解决的问题。

第二节　修辞解释的语境结构与预设

修辞分析更加强调和依赖语境性。在修辞学之前，科学理论研究中的语境因素并没有被彻底地进行语言学概念和科学方法论之外的完整和单独提炼研究。一方面，语境作为一种潜在的研究背景，其在科学研究和修辞研究中的地位可类比于"Being"、"Sein"概念在西方哲学传统中的地位，即应当是研究范围内默认的、基本的概念。然而区别在于，语境的这种重要地位缺乏功能性的显性表达。语境作为一种研究基底，就类似于它为科学解释提供了一张白纸，而当在纸上书写理论时，我们关注于理论而忽视了其背景因素。另一方面，科学理论研究对于语境论、相对主义之间存在误解和混淆。事实上，语境论和相对主义有着本质区别：简单说来，语境论强调的是，在每一种情况下的特殊表现，可以在语境基底和平台中达成相互协调的解释；而相对主义强调的却是，这些不同的表现之间不存在统一的可能。这使得修辞分析既有科学的客观性又同时具备社会主观性。特别是对于后现代趋向的科学哲学而言，这种多元语境的涉及是一种必然的结果。

从古典修辞雄辩术到中世纪的传教布告，乃至近代的文学批评和新修辞学运动，在进行修辞活动之前都要做好充足的准备工作。在进行修辞活动之前，我们要弄清修辞活动的情景、所要面对的客体、最终要取得的修辞成果等。这些工作的重要程度远远高于我们所能看到的作品所呈现的，"台上一分钟，台下十年功"就是这个道理。由亚里士多德提出并经过罗马时代昆提利安（M. F. Quintilianus）等修辞学家完善的修辞法则为开题（invention）、布局（arrangement）、风格（express）、记忆（memory）、表达（delivery）。其中准备要素占据了前四个方面，属于举足轻重的地位。这些对修辞前期准备工作有所侧重。虽然修辞分析的研究客体已经不同于传统修辞，但是其修辞的实质并没有改变，它的修辞精神仍与传统修辞学是一脉相承的，因此作为大前提的准备阶段仍是修辞过程开始前十分必要的。而其中又需要重点关注科学修辞语境背景、修辞主题、修辞参与者等要素。

实际上这里指的科学修辞语境是科学语境、修辞语境、社会语境三者的结合。修辞活动的进行必然依存于特定的语境，修辞分析作为一种用修辞学方法对科学客体进行分析的研究方式，需要一种专业化的学科背景，要求修辞双方具有相同或类似的学科基质，其运用的策略方法是双方都能接受的，其结果应该是在后期能进行传播交流的。

修辞语境或称修辞情景，是开展修辞活动的背景要求，也是伴随修辞活动始终的要素。而在修辞过程中创造出的概念、知识等作为其副产品，随后被固定下来，常常同样伴随着社会性和情境性。由于古典修辞学和传统修辞学背景因素中的变项较少，因此可以事先进行一定的规划，所以从某种意义上说这是一种静态的情景。随着修辞学研究的不断深入，修辞语境逐渐由一种静态的背景因素发展为现今的动态系统。近现代新修辞学的发展逐渐在修辞批评中加入了许多变数，从多方面多角度对修辞对象进行研究，修辞语境也进行了较大调整，逐步向一种动态体系化语境发展。修辞分析更进一步要求抛弃传统的背景因素的堆叠式语境观，代之以一种伴随修辞活动始终并不断发展完善的动态语境系统。也就是说，修辞语境所涉及的背景要素已经不再仅限于为修辞活动准备材料，而成为包裹修辞过程，并始终对修辞行为产生影响的语境因素。所以说，修辞分析更加关注修辞全过程，并将语境作为一种伴随交流而不断创造、发展、完善的变化动态系统。

具体来说，新修辞学强调修辞双方的合作，将修辞发展为一种依赖动态语境的活动，修辞分析更强调在这种合作基础上的交流，语境不是像传统修辞学那样可以事先设定的各项因素的简单组合：它不能是静态的、固定的修辞语境，而应该是以此为基础的、修辞参与者主动参与的、不断变化发展的、制造创新的动态系统。古典修辞学理论关注的多是演讲者使用的方法和话语组织，而不集中在使这些方法和话语产生作用的语境上。传统修辞学对于文本分析、文学批评上有很大进步，但是它在考虑修辞产生的情景和社会背景时，往往是一种旁观者的角度，这种方式很容易招致"子非鱼"式的批判。近代修辞学发展逐渐摆脱这种束缚，例如结构主义者认为，即使是作者本身对于原文本的解读也会受到各种干扰，与初衷存在较大的差异。比彻尔在《修辞情景》中指出修辞情景成功与否，关键在于受众是否具有参与意识。这使得修辞语境逐渐成为一种具有广泛影响力的因素，在传统单独考察主体因素的同时，语境因素正在发挥不容忽视的作用。伯克在对比彻尔的理论进行回应时，将修辞语境扩展为一种普遍的研究领域。他之后提出的"同一论"，强调弱化修辞，主张修辞是双方进行促进沟通合作的手段。在修辞分析中，我们认为修辞语境的成功与否在于修辞双方是否愿意摒弃矛盾，共同构建统一的、有利于交流的最佳修辞语境。在这种模式下，修辞双方主动参与到修辞过程中，它们没有主客体之分，或者说存在的是修辞者与受众之间角色不断互换的一种过程。

修辞分析语境的研究要落脚于修辞活动的最佳表达效果上，既要使修辞双方认同，更要使科学修辞成果得以很好地理解，以便将修辞效果最大化。修辞现象只有发生在特定的语言环境中才能富有生命，修辞分析语境的研究和使用，能更好地指导交流双方建构、适用和控制语境以及选择适用的修辞策略方法，为修辞活动做好铺垫，并保障修辞活动的顺利进行。

修辞分析包含了科学客观性和社会主观性，以及解释过程的修辞性，需要形式语境、社会语境和修辞语境的整体参与，如图5.1所示。纵观科学哲学发展史，"逻辑实证主义注重符号化系统的形式语境，历史主义强调了整体解释的社会语境，而后现代化的新历史主义则侧重修辞语境"。从本质上讲，为了避免形式概念及其语境的空洞与盲目，语形与语义的关联过程会涉及复杂的社会语境。修辞语境就是在这种社会语境条件下语用分析过程的"情景化、具体化和现实化，它以特定的语形语境和社会语境背景为基础。因此，没有形式语境就没有科学表征，没有社会语境就没有科学评价，没有修辞语境就没有科学发明"①。所以说，对于修辞分析而言，必然是形式语境、社会语境和修辞语境的有机结合。这使得修辞解释模式避免了纯科学角度的教条和社会学角度对科学概念的消解，完整地呈现和还原出解释过程的构建、组织、适用和评价机制。

一 科学语境

数学多值逻辑与量子力学的发展进一步摧毁了传统真理符合论

---

① 郭贵春：《科学修辞学的本质特征》，《哲学研究》2000年第7期。

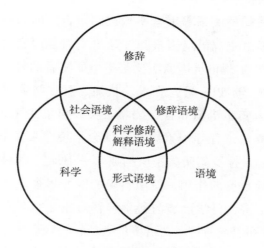

图 5.1 修辞分析语境构成

的科学观，而这之后对科学的认识更加倾向于非实在论或反实在论，例如科学的社会建构论、权力对科学话语的决定论等。但是从科学外部来评判科学的做法终究不能威胁到科学的实在性地位。这使得对科学语境的关注成为必然，因为其从科学本体出发又回归于科学解释，在它的域面内为科学研究者、哲学家、语言学家、社会学家等群体提供了一种对话的平台，并且使得科学问题在本源上回归哲学层面理论与实在的对应关系。

从广义上说，科学语境是完成科学解释所依赖的语境基底，而从狭义上说，科学语境也就是我们所说的科学形式语境，它主要关注的是与科学研究范围内逻辑、理性等相关的语境性。为此我们需要考虑两方面问题：第一，语境论思想和分析方法是如何促成科学解释的；第二，科学语境对于科学理论形成的意义。

修辞分析中所指的语境一定是有两个层次的。首先是指科学文本中上下文所使用的语言环境，其次是指话语反映的外部特征、关系境遇等有条件的政治、经济、社会、历史、文化等要素作用。如果将上述两个层次分别称为显在语境和潜在语境，那么通常认为，"显在语境主要指由特定科学理论中的公设、定理、推论、数学程式和符号间的关系等因素所构成的语言空间和逻辑空间；潜在语境主要指由主观语境因素和客观语境因素构成的心理空间与背景空间"，"主观语境因素主要是指由研究者的目的、兴趣、先存观念与方法、学识、研究方式及技能、直觉与灵感等；客观语境因素可分为实验语境和社会语境，实验语境主要由实验设计、研究对象、测量过程等因素组成，社会语境主要由特定的历史、经济、文化、科技及其间关系所构成"。① 任何一种科学解释都不能脱离这两种语境的作用，使用不同的语境将会产生差异化的解释。从宏观上讲，科学语境与科学解释对象之间存在一种双向互动关系，"潜在语境通过显在语境的表征，将社会语境、实验语境和主观语境的影响内化到被解释对象的意义之中；另一方面，被解释对象通过特定的语形、语用和语义的确定，将显在语境的内在规定性传递到潜在语境的整体设置当中，从而使解释语境具有了动态性和一致性"。②

在抽象的科学语言中，文本语境的语言、公式、符号等作为科学理论的桥梁，指称了认知心理、科学交流与传播的现实对象，并构成了解读科学文本的概念化体系；而同时在科学活动中，宏观的社会建制等层面的语境因素也发挥着重要的功能。特别是近代以来，科学活动都必然与社会资源的分配、政府决策导向等因素密切相关。③

更为重要的是，语境不仅限于为科学活动提供条件支持，也具备对科学活动进行解释的功能。语境从整体上将科学研究中内含的形式化符号与具体意义联结起来，从而构建符号、理论与实在之间的解释效力。具体来说，首先，科学语境可以是复杂的，但

① 成素梅、郭贵春：《论科学解释语境与语境分析法》，《自然辩证法通讯》2002年第2期。
② 成素梅、郭贵春：《论科学解释语境与语境分析法》，《自然辩证法通讯》2002年第2期。
③ Stokes D. E., *Pasteur's Quadrant：Basic Science and Technological Innovation*, Washington, D. C.：Brookongs Institution Press, 1997.

同时它又将特定的联系通过形式体系固定起来，从而使得在同样语境条件下的符号和公式产生同等的解释作用。其次，概念与符号需要在特定的语境中被理解，这使得同样的语形可以根据背景的不同而产生差异化解释。最后语境的语用预设可以帮助构建科学研究目的与意义之间的一致性，并为科学规范提供帮助。

二　修辞语境

在科学哲学范围内，自逻辑经验主义之后形成的反传统观点冲击了理性主义，科学修辞学逐渐成为解决这两者之间矛盾的可行性进路。特别是 20 世纪以来不断爆发的科学革命使得我们在加深对物理现象认识的同时，打破了原有的严格科学逻辑，转而走向对科学假说、科学灵感、科学创造等问题的关注。科学修辞学在处理这类"模糊性"问题时发挥了重要作用，它的成功得益于修辞语境中的辩证理性，或者说，使科学理性能够在修辞语境中获得全新的生长空间。这起始于科学文本中话语的内在逻辑结构，并由修辞行为出发形成了科学解释的修辞语境。

修辞策略通常被认为是一种非理性工具，但是科学理论研究中的修辞行为、解释和论证过程却是集"有理性"、"有理由"与"有效力"于一身的。这是因为，它们并不是"毫无理性的诡辩过程"，而是"受到某些特定的限制或规则的制约，这些限制物或规则负责控制整个论辩过程，用于确定应该禁止哪些步骤，应该允许哪些步骤"[①]。这种限制和规则就是我们所指的修辞语境。

从科学实在论角度出发，我们认为修辞语境中的要素也是实体性的。因为首先科学研究要基于科学事实、证据、数据等，修辞分析行为也必须基于此展开。而由这些因素构建的科学理论，以及形成科学理论前的预设、过程中的推理、过程后的价值趋向等，

---

① 李洪强、成素梅：《论科学修辞语境中的辩证理性》，《科学技术与辩证法》2006 年第 4 期。

都可以当作一种修辞语境中的实体性要素。① 它们的实在性体现于修辞语境中关系的存在，实际上是一种语境系统中的关系实在。当我们从语境视角来审视科学时，理论对实在的描述就成为一种整体性的模型化描述，这种可能世界与实在世界具有一致性时，我们就可以将其中的内容与实在世界对应起来，从而使科学对象在特定语境下获得实在性。借助于此，修辞分析将传统意义上确定的联系、绝对理性替换为一组联系网，在继承规范理性的同时又保留了非理性概念因素。

三 社会语境

从更广阔的视野上讲，我们常说的科学理论研究所注重的语境，其外部表现为社会语境。社会语境与科学的社会建制息息相关，并通过社会活动、社会参与等多方面因素参与到科学研究中。"科学并不是要素与活动的杂乱无章的组合，而是一个具有凝聚性的结构，其各部分在功能上有互相存在的关系。"② 这种理解实际上将科学从根本上解释为一种社会行为，由此决定了其社会性的特殊价值。社会语境是语境概念扩展到社会领域的必然结果，科学作为一种社会认识文本，它的意义必然要在特定的社会和历史环境中解读。③

社会语境由多种因素构成，这些因素在特定历史时期或条件中对科学理论研究起到不同的作用。科学外部力量的干涉，例如政治与宗教、文化生活、经济层面等，在不同的社会语境条件下发挥着不同作用。例如，在中世纪时宗教对科学研究活动的牵制、工业革命时经济对科学技术的相互作用等。实际上这些因素往往

---

① Pera M. , *The Discourses of Science*, Chicago: University of Chicago Press, 1994, p. 98.

② [美] 伯纳德·巴伯：《科学与社会秩序》，顾昕等译，生活·读书·新知三联书店 1991 年版，第 2 页。

③ 魏屹东：《社会语境中的科学》，《自然辩证法研究》2000 年第 9 期。

是科学外部的研究设备、科研规范、思维方式和价值观等方面的影响，真正的科学内核并不会因为社会语境的限定而产生颠覆。处在社会语境关联中的科学研究能够统领与此相关因素，从而形成一种整体、系统的科学观并对科学的产生和发展图景进行全面解释，这在一定程度上克服了部分研究的缺陷。

我们可以说社会语境构建了科学理论研究的基底，在一定程度上推动了科学进步，同时它又成为评价和解释科学的必要条件。社会语境涵盖了科学产生和发展所需要的因素，并形成了对科学的外在推动。而这些因素的制约作用使得科学的价值、趋向、理性等判断条件依赖于社会语境的整体作用，这就意味着，社会语境成了解释科学的外在基底。这说明"科学是相对独立性和社会制约性的统一"①。

总的来说，在修辞分析中解释语境由三部分组成，科学语境是内语境，社会语境是外语境，修辞语境起到了一种串联的效果，使得三者在一种语境的基底上构建统一的解释。

四　修辞主题与参与者

在传统意义上的修辞主题与修辞目的是截然不同的，修辞目的永远是劝服受众，而修辞主题则是修辞者所要言说的关键内容。这种理解使得任何的修辞行为必然存在固定的修辞主题和目的。

但是对于修辞分析研究来说，这种理解却行不通。因为由前述科学修辞语境中我们已经得知，修辞分析是一种动态语境下的过程和行为，在这种模式下的主题和目的并不能先天地固定。并且，我们理解的这种模式下的主题和目的并没有绝对的区分。在修辞解释模式中，修辞主题已经分化为研究方向，外在于修辞分析过程，也就是说，我们在应用修辞分析时，其主题必然是与科学相

---

① 魏屹东、郭贵春：《科学社会语境的系统结构》，《系统辩证学学报》2002 年第 3 期。

关的思想、文本、现象、实验、论战等挂钩的。而存留于内部的是一种原本修辞行为的意向性。这种意向性也就是在修辞参与者交流过程中双方针对修辞对象做出的认知修正。

实际上，修辞分析语境扩散于整个修辞过程和修辞行为中，但是它通过修辞主题的方式统一起来。在修辞分析活动中，统一的、客观存在的语境因素对于不同的修辞参与者来说有不同的认知。在交流过程中修辞双方各自拥有独立的语境场，并在修辞分析过程中探求一种统一语境场的可能性，试图在这种统一的语境场中更有力地发挥修辞功能、促进修辞活动的进行。

所以说，修辞解释模式中的主题实质就是统一的语境基底或在此基础上构建的最佳交流语境。正如前面提到的，因为修辞分析的开放性，其目的就是作为一种研究工具和方法，通过修辞活动，促进修辞参与者的交流，尽可能孕育出先进的并能对后续科学研究起到参考价值的思想或理论。

修辞者和受众的研究一直是修辞学研究的热点。在修辞学史上，修辞双方始终处在一种"主动—被动"的对应关系中，虽然这种关系在不断被弱化，但直到新修辞学的出现，主体作为修辞出发点的观点才有所改变。

我们已经论证过，整个修辞学发展是一个修辞主体作用不断被弱化的历程。早期的辩论、演讲等形式的修辞，侧重的是修辞主体的作用，因此所谓的修辞学其实是修辞主体的修辞学，受众是被影响、被告知、接受主体思想的被动者。如柏拉图所指，早期的修辞实质上也就是将不确定的知识用修辞策略装进具有说服力的框架中，以使受众接受的技巧。这一关系在传统修辞学中也没有多大改变，直到新修辞学中提到"认同"、"同一"与"合作"等理念，才将受众的作用逐渐解放出来。如今的修辞学作为一种交流工具，只有修辞者和受众敞开心扉时才能顺利进行修辞活动，也只有在双方遵循共同的原则并相互合作、交流、理解的前提下才能催生出修辞成果。

"audience"的含义也是随着修辞学的发展而不断变化的。古典修辞演讲面对的是"听众"，演说家关注听众的反应并对修辞做出适当调整，因为这种演说的成功取决于听众的接受程度。传统修辞批评面对的是"读者"，关注的是读者通过修辞文本对修辞者的感受和理解。随着研究领域的不断扩大，"受众"逐渐成为修辞客体的统称。伯克的"同一性"理论吸收了亚里士多德的"共同立场"观点并进行了创新。这种新的认识将受众的地位提高了，修辞过程不再是从说话者到听者的单向学习过程，而是一种双方合作活动，为了取得共同立场，修辞者实际上也在不断改变自身。

不同于传统修辞，修辞分析将原本对立的双方统一起来，将两者的身份进行统一，双方不再是主体—客体的主动—被动关系，而是被代之以一种"参与者"的身份关系。这种变化使得原本所谓的修辞客体能够充分发挥其作用，参与到科学修辞方法的运用和修辞双方的交流中。修辞分析不是被动灌输式的演讲修辞，也不是以固定文本进行传播的文学修辞批评，在这种动态系统中，参与者的关系可以理解为主客体身份的时刻互换，它们既是主体同时又是受众。

随着修辞学的不断发展，修辞解释模式也越来越专业化，早期的古典修辞学是一种针对普通大众的知识普及或民主议政的辩论；传统修辞学则更侧重文化层面，是思想交流沟通的产物；修辞分析在社会活动中扮演着重要角色，这些科学家的研究成果、共同体内部的交流争论等，都具有人的社会参与性，因此对于修辞双方的要求也有所不同。

修辞分析具有专业化的特点，因此它的受众要求具有相同专业科学理论素养、愿意参与修辞过程中并通过自身努力推动修辞成果产出。这类人和组织群体我们称为修辞分析活动的参与者。亚里士多德早在《修辞学》中就分辨了两种听众——"被动观察者"和"积极听众"，其后又在《工具篇》中提出第三类听众，即"对话者"。对话者可以理解为积极听众的一种，它的本意是指演说者在论证时有价值的对手。而在修辞分析中，我们所认为的参与者应当仅仅指对话者这类愿意参与到修辞过程中的人和群体。正是如此，我们不能再将修辞活动中的人区分为主体受众，而称为参与者。此外，修辞分析中的参与者并不是限定的，没有一对一的数量要求，可以是多方参与的，因此也显得更加开放。

所以说，修辞分析中的准备要素已经不再是固定的、静态的，而是随着修辞过程的演进和修辞行为的展开变化的、动态的，它仍旧是需要提前给出的，但却是以一种语境预设的方式给出。这种预设行为意味着，它可以在修辞分析语境条件下做出适当的调整，从而符合修辞解释模式的要求。

第三节　修辞解释过程及其表征

科学表征问题涉及科学修辞学研究中如何择取修辞分析语境及其表征语境要素、如何给出表征和理解间关联的过程，这实际上也就是语境融合视野下语形分析和语义分析在修辞分析中的具体应用。在我们详细说明科学修辞表征语境及其逻辑特征之前，有必要指出修辞分析的过程性特征，并在整体角度给出一个修辞分析的逻辑基础。因为修辞分析绝非对逻辑的排斥，相反是其在具体语境中的逻辑扩张和延伸，而正是在逻辑形式所不能达到的语境空间中，修辞分析起到了创造性作用并获得了其存在意义。[①]

一　修辞解释过程

与以往的修辞学研究过程不同，修辞分析是一种开放交流的过程，它像流程图那样往复，但又不是简单的重复。这种往复运动是交流的结果，每一次新的修辞阶段开始都是建立在之前的修辞

---

① 郭贵春：《科学修辞学转向及其意义》，《自然辩证法研究》1994 年第 12 期。

交流成果之上的。修辞分析的方法策略具有修辞学的通用特点，也有其自身的特征，这些特征是在与科学理论研究客体交互过程中体现出来的，语境的灵活性、科学解释性和劝说性等是其代表。这些修辞方法策略的应用，在科学理论研究过程中发挥着重要作用，它们对于科学思想的传播交流起到畅通和阻碍的双重作用。

　　传统修辞是一种封闭式的过程，按照固定的修辞思路，运用适当的修辞方法策略，最终达到或基本达到修辞目的，如图 5.2 所示。

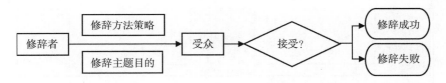

图 5.2　传统修辞过程

　　修辞解释要求根据修辞效果决定修辞过程的进度，整个修辞过程会根据修辞参与者的要求进行变化，因此是一种开放式的系统。这一系统不一定要终结于特定的修辞成果，而是根据修辞效果不断调整，可以说，只要有修辞参与者的活动，修辞就不会完结，而是将修辞成果发展完善。因此整个修辞解释过程类似于科学研究逼近真理的模式。

　　修辞学研究范围内的解释模式不同于传统科学解释，修辞解释过程更加复杂，并且伴随着动态和多向度的认知过程。修辞分析并没有止步于解释理论的产出环节。科学研究通过科学观测、符号表征、逻辑构建、演绎归纳等方法，对实体、概念、符号、关系等科学对象进行分析，从而形成一定的科学理论，如研究对象内在的逻辑结构、运算规则、定理公式等。在此基础上，我们可以通过一些独特的解释分析方法（如词源分析法、诠释学分析法、科学话语分析法、量化统计分析法等），得出具有差异化的科学解释。在这个层面上，与上述其他解释分析方法类似，修辞分析也有修辞发明、语境分析、语言表述、表达交流等内在的研究方法。但是区别在于，通过修辞学研究形成一定的解释之后，修辞解释过程还存在一个解释的评价与反馈环节（见图5.3）。这并不是说，修辞分析仅仅依赖于现有的解释理论成果，从而通过修辞策略形成具有修辞表述功能的解释理论，而是意味着，修辞解释模式除了在"科学理论—修辞分析"之间的、理论转化为修辞表述的过程，还存在一种解释后解释（explanation-after-explanation）的反复修正。

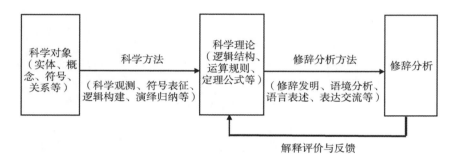

图5.3　修辞解释过程

　　修辞解释过程的动态性和多向度性，在本质上根源于语境的动态特性。语境因素的动态性体现于整个解释过程，尤其是在修辞学研究范围内，语境的作用越发重要。对于修辞分析来说，从我们挑选科学主题对象开始，就已经受到了语境因素的影响。例如，"密立根油滴实验"（Millikan's oil-drop experiment）记录了175个油滴，而实验者仅从中选取了58个"较优秀的"油滴数据作为参照写入论文中，其他样本数据则以合乎科学实验原则的理由被舍弃，如油滴形状、重量、电荷数等。而从其他研究者角度分析，恰恰被舍弃的部分数据中可能存在符合其他标准的好的"测试信号"。[①] 除此之外，在整个解释过程中，语境因素在研究对象特征

---

　　① 甘莅豪：《科学修辞学的发生、发展与前景》，《当代修辞学》2014年第6期。

的表述、修辞策略的选择、解释行为的意向性、解释评价的导向等方面都扮演着重要角色。语境动态性以及它对于修辞分析的这种全局作用，决定了修辞解释过程的动态性。显而易见，修辞解释过程是一种微循环系统、一种多向度的变化过程，这有助于产出臻于完善的解释理论。从本质上讲，这是在修辞作用下的一种解释理论的再语境化。

二 修辞解释的逻辑基础

修辞分析在科学话语分析中继承了语言学层面的模糊性原则，并且在其展开的前置条件里使得语境性发挥了至关重要的作用。在模糊性和语境性基础上形成的要素域面的表征逻辑和整体角度的判定逻辑，设定了语境条件下解释要素的择取标准，并构建了有修辞学特点的科学解释模式。这体现了科学修辞学对语言学和新修辞学的传承，及其与语境论思想的融合研究。

20 世纪的哲学运动尤其是科学哲学的新进展，为科学修辞学的产生提供了内在空间。在科学理论研究方法论上，通常认为"科学家只要遵循形式逻辑，按照普遍的科学程序和规则就能发现客观事实"，但是这种认识存在缺陷，例如，作为严谨的科学逻辑论证模式的三段论，其论证过程之前就需要借助修辞论证，如挑选大小前提、判断前提的完备性和模糊程度、处理可供选择的前提之间的矛盾等。[①] 随着研究的深化，科学话语等问题已不再是单纯的公式化和纯粹客观性的，而是在一定程度上策略、论辩和修辞技巧的结合。[②] 科学修辞学孕育于"语言学转向"并萌芽于"解释学转向"，最终在"修辞学转向"中展露出其方法论结构和独特魅力。

对修辞主体性认识的不断削弱，以及模糊逻辑和语境论思想的

---

① 甘莅豪：《科学修辞学的发生、发展与前景》，《当代修辞学》2014 年第 6 期。

② Herrick J. A. , *The History and Theory of Rhetoric：An Introduction*，Boston：Pearson，2013，pp. 195 – 196.

发展，使得修辞分析在使用区别于传统理性劝说方法的同时并没有忽视科学理性精神。在语形与符号、指称与意义等的表征逻辑上，修辞分析主要考察解释要素（explanans）的真值负载性、主题相关性和语用效果性，从而给出了在语境条件下对解释要素的择取标准，这种规定性形成了其表征逻辑特征。同时在整体角度而言的判定逻辑方面，修辞分析先后衡量了修辞效用、意向性和语境等具体问题，从而形成了有修辞学解释特点的判定逻辑特征。

科学解释的逻辑是保证解释理论和过程的效用性，也是论证解释作用机制和认识论价值意义的关键。修辞分析脱胎于语言学和新修辞学研究，其在语义表达层面和语用效果层面上带有明显的模糊性和语境性特点，从而形成了修辞分析的逻辑基础。

模糊逻辑本质上是在数学理论的多值逻辑（many-valued logic）基础上，应用模糊集合和模糊规则推理，研究以语言规律为代表的模糊思维中所展现逻辑的研究方式。这是对传统经典二值逻辑的超越。经典逻辑语境下的命题判断，只有为真或假的二值选择。然而随着自然科学的进步，二值逻辑并不能满足实际现象描述和运算操作过程。例如，量子力学中存在本征态之间的"叠加态"，并且在更为复杂的量子测量语境中，存在不确定性原理（uncertainty principle），这些都不能单纯依赖经典二值逻辑进行解释。

1965 年，数学家扎德（L. Zadeh）首先提出了模糊集合概念，作为对模糊对象进行精确描述和信息处理的途径。一般而言，经典二值逻辑可以概括为：当 A 表示为一般意义上的集合时，则可以使用 $fA(x)$ 来表征某一元素 x 是否属于集合内，此时这种元素资格函数就只存在两个可能值，即 0 和 1；当元素 x 属于 A 时，$fA(x)=1$，当 x 不属于 A 时，$fA(x)=0$。模糊逻辑将普通集合概念推广到 [0，1] 范围区间内的模糊集合概念，并使用"隶属度"（degree of membership function）函数概念来描述要素与模糊集合之间的关系：设 x 是由点或对象构成的一个空间，则可以对模糊集合 A 使用函数 $fA(x)$ 进行资格性特征描述并判断 x 是否属于集合 A。由于 x 的对应区间中存在无数个点，所以函数 fA（x）产出值必定与 X 中的某一实数相对应联系。因此，模糊逻辑肯定了中间值存在的可能及意义。以此为基础，当存在临界点 α、β 并满足 $0 < β < α < 1$ 时，我们就可以构建一种三值逻辑：如果 fA（x）$\geq α$，那么 x 属于 A 或者被 A 包含，其判断结果为真；如果 fA（x）$\leq β$，那么，x 不属于 A 或者不被 A 包含，其判断结果为假；如果 fA（x）所表示的值介于 β 和 α 之间，即 $β < fA$（x）$< α$，那么其判断结果为中间状态。[①] 在扎德理论的基础上，还可以通过在 α 与 β 之间继续添加临界点的方式，推导出四值逻辑等其他更高级别的多值逻辑。

模糊逻辑更新了科学方法论，在与以量子力学为代表的自然科学的结合研究过程中不断完善，它能够更准确和接近现实地表征认知主体的实际推理过程和方式。这使得从精确性到模糊性、确定性到非确定性研究成为可能，使得解释语言学层面的复杂性和模糊问题成为可能，而修辞分析继承了这种语言学意义上的模糊逻辑。

虽然模糊逻辑给出了真值的可能集合及其多元化的对应关系，然而对于如何筛选数据要素、如何判断对应关系的应用效果等问题，还需要语境因素的参与。基于修辞学的实践特点，语境性发挥着不容小觑的作用。例如，由于环境和工具的局限性及差异性，在科学实验测量中必然存在误差。为此我们需要给出一个语境条件对解释要素和整个解释过程进行限定，并且在回答"误差率在多少范围内时实验测量有效"、"误差率 5% 的数据是否一定比 6% 的数据有效"等此类问题时，给出一定的语境标准。

修辞分析的实践性要求，解释要素首先是给定语境范围内择取的结果。也就是说，参与修辞解释过程的要素不但要基于模糊逻辑的推理标准，而且首先要受到限定语境条件的制约。这种语境

---

① 安军、郭贵春：《隐喻的逻辑特征》，《哲学研究》2007 年第 2 期。

的限定性实际是在语形表征的基础上，对其构建、转换、运作的规定，同时这也是保证语形表述符合科学和理性范围内可交流、可表达的基础。修辞分析对具体公式、模型思想等展开分析时，首先要阐明语形表征及其指称意义的语境限定。例如，同样的符号，在经典物理学和量子力学中所指代的量就有所差别，在其不同的语境限定下表现出各自的作用和意义。这正是因为采用了二值逻辑、多值逻辑乃至模糊逻辑的不同标准而产生的。

而且，解释过程除了要遵循一定的逻辑规则，还应注意解释语境的构建和选择等问题。首先，任何解释都是在给定语境下完成的，科学解释中的命题、内容等会对与其相关的认识问题产生传递，将面临类似问题的解释者（explainer）和被解释者（explainee）带入相似的语境中，使得相关的解释效力再次生效。其次，如果超越了解释语境，则不会产生有效的解释。例如，我们使用"外星人的帮助"来回答"金字塔的建造难题"时，可以理解外星力量可能建造这种超越人类当时科技水平的建筑物。但这种解释超越了我们所依赖的解释语境、范畴主题和确信范围，我们不能证明其可信度和相关性。

模糊逻辑和语境论思想的发展，为修辞分析奠定了逻辑基础。修辞分析继承了修辞的劝服逻辑和语用逻辑，以及科学解释的最佳说明逻辑等。同时不同于传统修辞学研究和传统科学哲学的解释思想，其在要素域面上的表征逻辑，以及在整体角度而言的判定逻辑上，都表现出一定的独特性。

三 修辞解释的表征语境及其逻辑特征

修辞分析的表征逻辑特征体现在解释要素的滤补和选取、理论的构建和表述过程中，具体取决于要素的真值负载性、主题相关性和语用效果性。

第一，真值负载性。修辞分析以事实为起点，而事实作为现象的描述语言，以逻辑真值为基础。这就需要在当前给定语境条件下，解释要素具有真值负载性，即能够判断其是否描述了正确或真实的信息。

经典形式逻辑假定，解释要素和被解释对象（explanandum）之间存在一种推论和联系的关系功能，即解释要素是被解释对象的某种形式的逻辑组成部分。当我们理解了这种逻辑、事实与解释效力之间的联系时，就可以解释如何和为何的问题。然而实际上，在解释要素与理论、命题、被解释对象之间，并没有这种严格的推理和组成关系以及绝对的逻辑对应关系。而且，即使在原则上假定存在这种关系，理论也不能对自身进行完整解释。因为此时它仅仅指向了一种逻辑规则，而没有与现实世界发生关联。

在修辞分析研究范围内，解释要素的真值负载性应当遵循语言学的模糊逻辑规则。这是指，在给定语境条件范围内，修辞分析行为会产生可能的真值值域，与模糊逻辑规则相同，凡是在可接受范围内得出的真值就是符合逻辑规则的、可以被接受的。除此之外，为了保证修辞分析能够产生实际的劝说效果，也就是解释的可接受性和效力，我们还需要确保这种真值负载对于解释过程而言的有效性。例如，在模糊逻辑中，我们可以假定存在临界点 α、β 使得趋向 $[0, \beta]$ 的值无效，而趋向 $[\alpha, 1]$ 的值有效。而在修辞分析的表征逻辑中，我们并不认为真值 0.89 比真值 0.88 更接近我们的预期结果，实际上，它们在真值负载性的意义上是同等有效的。

这种真值的理解可以用于解释复杂的、反常规的科学现象。在理论不断更新的科学史上，旧的理论或范式仍被当作符合当时语境的、具备一定合理性和价值意义的解释。例如，亚里士多德对于弓箭机械运动的描述，是一种理想状态下忽略空气阻力与加速度等因素的解释，这种不完善的信息却是有一定解释价值的。再者，科学社会学中的马太效应（matthew effect）表明，即使在以严谨著称的科学研究活动中，人们也比较容易接受那些有影响力和独特气质的研究者给出的解释，当一个实验或者假设是由知名科学家提出或支持时，它就会提前获得超越其自身应有价值的信用度。例如，普朗克和爱因斯坦提出了相对论的热力学关系公式，由于他们的名望，在很长一段时间内这一公式都没有遭受质疑。直到半个世纪后，奥特（H. Ott）以及后来阿雷利（H. Arzelies）的研究，人们才认识到原公式的不完善。

第二，主题相关性。任何对于科学问题的回答，必须与解释主题关联才会产生意义。也就是说，解释要素需要指向可能或已成的事实，并且，这种指向需要与被解释对象之间存在明确的相关性。这里需要声明，从原则上讲，现象是实在在现实世界中的表现，而事实是对现象的一种功能化描述。在修辞分析中，我们不能将解释要素直接理解为某一现象或事实，而是强调要素与它们的这种相关性关系。这是因为，如果解释要素直接指向了现象或事实状态，就不能进一步构建解释行为。例如，在光的"双缝干涉实验"（double-slit interference experiment）中，如"当我们测量电子的位置时，它原本按照薛定谔波动方程（Schrodinger wave equation）演变的波函数 ψ 在同一时间依据当时的概率分布进行坍缩（collapse）……"这种说法才可以称作一种解释。而直接回答电子是否通过了某一条缝，只能称为测量或观测行为，而不能称作解释行为。

通常来讲，衡量解释要素主题相关性的主要有三点：被解释者的认识背景；被解释对象以及产生被解释对象的事实状态；解释者对前两者的认识。相关性实际上就是要求判断，解释要素或回答，以及整个解释过程是否与上述三点相关。首先，被解释者的认识背景应当包含其文化因素、经验知识、实践技能、社会训练、形而上学信仰、对认识论和方法论价值的看法等。在具体的科学解释中，被解释者有明显区别，就像社会的功能系统一样，每一种语言变得更专业化、每一位被解释者变得更特殊化、每一个解释行为变得更语境化，并且与其领域有紧密的相关性。其次，解释要素必然与被解释对象相关，或者指向某些能够与被解释对象相关的事实。此外，解释者对前两者的认识，决定了科学解释的走向。例如，爱因斯坦相信世界是决定论的，但玻尔却没有这种偏好，所以两人在量子力学领域解释光的运动等现象时存在分歧。

科学解释的基础工作就是增加相关信息、过滤无关信息、补全遗失信息，这也是相关性要求的意义所在。与科学史的研究方式不同，科学哲学家往往关注科学的公共部分（public part of science），也就是科学家在公知范围内表现出的科学态度、方法和结论等，却轻视了科学的私人部分（private part of science），即科学家在提出和发表公共科学研究前所受到的社会、文化、私人喜好和信仰等方面的影响。而当科学由私人转向公共部分时，这部分特征就会被隐藏甚至消失。① 而且科学家在面对诸多事实时，往往会忽略部分信息，这些信息可能是冗杂无用的，也可能是科学家故意隐藏以保证其在公众面前的科学性的，还有可能是因为受语境条件制约而尚未发现的。因此，修辞解释过程可以理解为，被解释者的认识背景与被解释对象之间丢失了明显的联系，需要通过修辞分析过程，将两者联结起来从而使被解释者产生新的理解。

第三，语用效果性。修辞分析中的语用效果性，表现为解释要素和被解释对象之间的语境性。从微观上讲，科学解释内部构成了一个复杂的语境系统。这表现在解释中的回答、被解释对象、解释要素等的语境依赖性，以及解释者、被解释者和他们的认识背景、个人信仰、社会境遇、实践经验等因素在解释过程中的语境性。还有，在科学解释过程中，科学家对科学理论与科学概念的语形、语义和语用的理解和使用，也依赖于语境。这使得，在一个语境下对现象做出了恰当解释，并不意味着它能同样适用于另外语境下的相同现象。例如，影子的长度与天空中太阳的位置

① Holton G. , *Victory and Vexation in Science*：*Einstein*，*Bohr*，*Heisenberg and Others*，Cambridge：Harvard University Press, 2005, p. 140.

有关。但是当地时间相同时，不同纬度上的影子长度却不相同，而且即使是同一地点，我们由影子长度反推太阳高度角时，也需要考虑上午、下午的语境问题。

与修辞学类似，科学解释活动实际上也是觅材、组织、表述等一系列过程，这取决于其内部的问题语境、认识语境和解释语境。在我们进行科学解释之前，已经预设了一种包含问题自身、描述的现象以及各种资料、探求问题的进展和方式等的问题语境。由此出发，将被解释者相关因素包括进来，就是解释者需要面对的认识语境。而在整体上的解释语境，又包含了解释者的自身因素，以及解释所使用的条件方法和策略等限制。

因此，修辞分析要素的语用性需要在语境基底上实现，并依靠语境功能来完成。科学解释是附着在特定语境基底上的产物，不同语境条件的限定会形成不同的科学解释。例如，物理学家在使用量子力学时，针对不同语境条件做出的解释，衍生出了核物理学、粒子物理学、原子物理学等分支学科。科学解释作为一种交流和修辞行为，其语言形式和概念符号需要通过语境与特定的意义联系起来，从而对理论产生解释能力。这就需要对解释中使用的修辞方法进行语形规定，并且在解释语境中赋予其语义的阐释意义，同时通过语用的预设帮助被解释者在不同语境下获得准确而恰当的认识和理解。由此我们可以得出在语境条件下对解释要素的选择规则，即修辞分析的表征逻辑可以概括为：

在给定语境条件下，t 是修辞分析中符合逻辑规范的解释要素，当且仅当：

"t 在此范围内有为真的可能性"；

$\wedge$ "t 与研究主题相关"；

$\wedge$ "t 有可能比其他 t_1，t_2，$\cdots$，t_n 相当或更好的使用效力"。

第四节 修辞解释与判定机制

修辞解释过程的产出阶段，标志着当前修辞分析的结束，同时意味着一种新的科学解释的形成。在这一过程中的控制要素和修辞评价机制就显得尤为重要，它决定了解释的认知结构与意向性，同时在很大程度上左右了修辞分析的解释效力与劝服效果。这凸显了判定语境的作用以及其中包含的逻辑特征。

一 控制要素与科学修辞评价机制

完整的修辞解释过程需要由充分的准备要素、过程要素和控制要素组成。准备要素是进行修辞活动的大前提，只有在一种成形的话语思维模式下，才能顺利开展针对性的分析和解读，而不至于在分析过程中出现矛盾和超越话语范围的现象。过程要素是整个科学修辞的核心，修辞分析所运用的策略方法在这部分都有体现，修辞策略的选取和使用关系到整个修辞过程的效果。传统的修辞学解释模式忽略了控制要素的作用，缺乏反馈和交流沟通，以致出现语义混乱现象，并且在运用修辞时不能起到适应理论发展的需要，也没有出现具有科学理论导向作用的、统一的修辞解释模式。

控制要素的加入使得修辞学解释过程重新注入活力。类似于系统运行中的反馈作用，控制要素特别是评价机制的修辞效果评估对于整个修辞解释过程中方法论工具的运用有不断完善的功效。它受到修辞过程传输信息的影响，并据此做出效果评价，同时通过反馈，对修辞过程起到引导作用。通过这种方式，修辞分析方法能够将其策略运用到不同的分析中，并能根据研究客体的变化发展而修葺完善自身的理论建构，进而出现由其引导的科学理论的进步成果。可以说正是由于控制要素的存在，修辞分析才能摆脱传统修辞学的单向化修辞过程，走出各自为政的理论怪圈，促进科学交流，从而为科学进步提供强有力的方法论支持。

控制要素包含修辞过程的信息输入，修辞效果评价机制，导出修辞成果、反馈等部分。一般意义上的修辞学局限于简单的修辞过程，这种过程是单向的，很容易做出结论，同时也容易被推翻。而修辞解释除了拥有自己的完整修辞过程，还独享一种评价机制。评价机制是指修辞过程进行到某一节点时，对当前修辞效果进行评价，并不断产生修辞成果，再反馈到修辞过程中以推进下一步修辞的进行，直到修辞成果逐步完善的一种运作系统。评价机制类似于工程学中的监督或复核体系，只是它需要始终伴随整个修辞解释过程，不断根据修辞效果的反馈将修辞活动引向适当的前进道路，对于修辞解释过程的不断完善起到关键作用。可以说作为控制要素的评价机制，是独立于一般修辞过程之外，但是通过反馈将修辞过程和修辞成果连接起来的枢纽，如图5.4所示。上面提到的修辞解释过程图示与此处的图示区别在于，前者是整体域面绘制的，而此处是在要素域面模型化的。

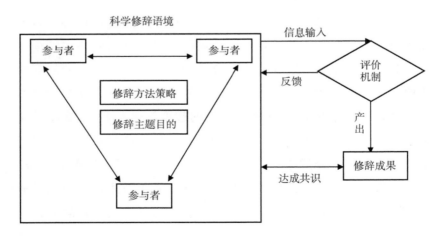

图5.4　修辞解释过程（二）

伴随着评价机制的提出，修辞效果就成为重要的衡量因素。修辞效果的好坏之分存在已久。古典修辞术的好坏在于修辞是否能充分表达修辞者的情感，修辞者是否能适当地使用和改变修辞策略以起到感染受众的作用，受众是否完全接受修辞者的观点并做出相应举动。传统的修辞学批评增加了文本这类修辞中间环节，修辞者和受众通过修辞文本等形式连接起来，因此其看重修辞者是否合理地选取和运用足够的修辞方法策略，这些修辞是否能表现其运用环境和人物特点并达到修辞者本意，读者是否能感受到修辞者通过修辞表达的情感和思想，修辞者是否愿意接受这些情感和思想并做出相应改变。新修辞学突破了原有修辞形式的栅栏，将修辞应用范围不断扩大，并引入了"合作"、"同一"等概念，它在乎的是修辞者在多大程度上促使受众认可修辞过程和修辞结果并尝试改变受众原有态度，同时新修辞学增加了对社会因素的考察，将修辞与其他学科相互渗透。这些修辞效果的评价都站在修辞者角度，突出修辞的使用者相关的部分，将修辞过程认为是一种修辞者影响受众的行为。因此从根本上讲，它们考量的都是修辞者是否运用修辞以支配、改变或影响受众。

修辞分析追求一种"好的修辞"。这种修辞评价不再侧重于修辞者的角度，而是关乎整个科学修辞过程本身并为其服务的。修辞学一路走来，主体作用被不断弱化，主体单纯为了通过修辞手段对客体的思想和认识进行改变，并且客体处于一种被动接受的状态，对经过修辞的理论无修改的接受，是一种"强修辞"。这种修辞效果最强，它类似于醍醐灌顶式的灌输思想，古典的演说便是如此，我们可以说这是一种面对知识弱者和普通民众的修辞。随着人们的科学文化素质的不断提高，强修辞已经不再适用，这也是新修辞学要强调"合作"、追求"认同"，而不再宣扬被动"接受"的原因。历史已经证明，"强修辞"并不一定是"好的修辞"。

修辞分析弱化的是修辞者的影响，加强的是修辞过程对修辞应用的影响，这符合修辞学发展的潮流，更能体现修辞的客观作用，而不再使修辞沦为人所操纵的工具。现今的修辞学作为一种思想已不再强力，但作为工具方法的修辞学，对其他学科有重要辅助作用，修辞分析就是这方面的代表。

为了追求好的修辞效果，如何运用评价机制进行判断并做出针对性举措是至关重要的。

评价机制的运作关系到整个科学修辞过程的活力。评价机制运转得好，能够及时接收修辞过程的信息，分析当前节点产生的修辞效果，并针对出现的问题提出合理规划和建议，及时反馈回修辞过程中，同时优化当前修辞结果并逐步引导修辞过程完善这一成果，最终产出接近真理的思想或理论成果。反之，一旦评价机制不能较好地起到监督、反馈等作用，修辞分析就失去前进动力，与以往的旧的修辞学别无二致了。

虽然评价机制是客观的、独立的，但是其运作过程却受到社会因素的干扰。评价机制一般有两大来源，一是以修辞参与者为主导的自我监督，二是社会反响或其他外部力量的反应。在科学理论研究时，共同体内部的交流过程中，修辞参与者根据所学知识和一定的研究进展，与其他参与者合作，据理力争。此时参与者主导的评价机制起到很大作用，享有较高的话语权。而共同体外部的其他学科研究成果、社会普通民众对科学的接受程度等因素，在修辞分析后期的传播阶段起到至关重要的作用，是后期主要评价机制的有力组成部分。

总的来说，科学从产生到传播，评价机制是随之变动的：在科学研究活动中，科学家、共同体内部成员等学科背景一致的专业化修辞参与者是评价机制的核心；在科学成果产出与传播阶段，与本学科有联系的科学理论思想、科学家、科研成果以及社会其他因素是评价机制的主要组成部分。但是万变不离其宗，评价机制的本质和运作目的都没有改变，作为科学修辞过程的动力源头，其价值充分体现在整个科学修辞过程的动态体系中。

　　以科学论战为例，修辞参与者各自拥有一定的研究成果，但是对于本学科前沿的发展不能单靠自身做出详细的规定，由此而产生的科学论战成为修辞分析的舞台。关于光性质的争论是 20 世纪物理学研究的热点之一。光是一种波还是粒子，或者既是波又是粒子？针对这一问题，很多科学家做出了卓越的贡献。他们在针对这一问题所进行的科学论战中，首先保持自身立场，因为一旦立场转变就意味着修辞解释过程的结束，即自身科学理念的失败。其次要秉持科学精神，为追求真理而努力，在论战中积极听取其他科学家倡导的观点，吸收其中合理的成分并用来完善自身理论。同时要善于表达自己的科学思想，努力影响其他参与者的认识。最终共同体内部达成一致，对学科前沿性研究做出相应的规定，以保障后续科学研究活动的开展。至此，论战得到缓和，但是修辞解释过程并没有停止。修辞学还要将科学成果大众化，使全人类加深对前沿科学研究的认识，共享科研成果。其他学科的研究和社会民众的反应也会对科学研究产生一定影响，最著名的例子是生物学进化论对社会学研究的启发作用而形成的社会进化论思想。

　　在修辞解释过程中，当评价机制接收修辞过程的信息，并做出修辞效果评价之后，会有相应的处理。首先是产出并记录部分修辞成果。其次是将发现的问题反馈回修辞过程中，使之再次进行讨论，如果修辞效果达到预期，则反馈使科学修辞过程进入下一修辞节点，如此往复直到修辞成果的最终完善。

　　加入控制要素的修辞分析，能够收缩自如地深入剖析科学活动、理论、文本、实验、现象、论战等形式的客体，同时能将这些成果运用于交流，转化为科研成果的一部分，以便为之后的相关科学研究活动做出参考和指引。正所谓"百闻不如一见"，静态的描述远不如动态的系统活灵活现，修辞分析的方法论特征在一种动态的分析中才能淋漓尽致地体现出来。评价机制的引入将固定的修辞解释模式转变为科学理论研究的源头活水，为科学修辞过程提供动力支持。

二　修辞解释的判定语境及其逻辑特征

当我们对评价机制进行深入研究时，实际上就是需要理解修辞分析的判定语境及其逻辑特征。

在传统意义上，科学解释的判定逻辑取决于解释者是否对问题进行了恰当描述和正确回答。但事实上，这种对科学解释效力的解读是片面的，因为它忽略了被解释者因素的作用以及解释过程的语用性。这使得科学解释没有完整和真实地映射出其判定逻辑规则，并且使我们无法从历史角度来审视已经被科学革命淘汰的范式的科学意义。科学史无数次证明，类似于"哥白尼革命"的科学案例不胜枚举：科学理论的有效性是受语境条件限制的，一种理论很可能在不久之后被其他理论革新或代替。正是这种范式更迭以及由此产生的不可通约性，制约了传统科学解释的效力。库恩提出了修辞对于解决这种通约难题的可能性，并且后续修辞分析研究证明了，"任何忽视修辞分析的科学研究都是在一定程度上不完整的"①。科学哲学家先后对传统解释模型进行修正，最终通过科学修辞学在一定程度上弥合了不可通约性难题所导致的科学解释之间的效力转换问题。而对科学解释效力的研究实际上就是修辞学视域中修辞分析的判定逻辑研究。

由于轻视了被解释者在解释过程中的地位和作用，传统上对科学解释的理解存在一定偏差。从语言学角度讲，根据奥斯汀（J. Austin）的言语行为理论，主体在使用语言过程中可能施加三种行为：表述字面意思的言内行为（locutionary act），在前者基础上传递主体意旨的言外行为（illocutionary act），在前两者基础上试图产生话语之外变化的言后行为（perlocutionary act）。如果我们将

---

① Gross A. G., *Starring the Text：The Place of Rhetoric in Science Studies*, Carbondale：Southern Illinois University Press, 2006, p. 191.

科学解释理解为一种带有答疑（回答问题）目的的交流，那么它就是一种言外行为；如果我们将其理解为一种带有劝说（回答问题并改变被解释者状态）目的的交流，那么它就是一种言后行为。科学解释这一概念长期被认为是基于言外行为模式的。例如，将"修辞情景理论"（rhetorical situation）发扬光大的比彻尔认为，在科学交流中传递和产生知识不需要其他思想的参加，科学解释不像修辞活动那样依赖听众。[①] 在某些语境下确实如此，科学家可以提出经验的知识而不需要听众参与，例如，记录气压因海拔不同而产生的差异值。但是，科学解释不是简单地由观测数据构建的，而且，科学解释中至少存在两种隐性受众（invisible audience）。一是科学研究者自身，他首先要完成自我劝服的修辞过程；二是待解决问题的提出者，这是一种普遍意义上的受众，是从具体受众中提取出共同特质，由解释者在回答问题时虚拟出的抽象概念。[②] 而言外行为模式注重逻辑和语义层面的理解，没有充分考虑修辞受众的因素。于是，传统意义上的科学解释一般可以表述为：

解释者 S 使用解释要素 X 来说明被解释对象 Q，以达到解释目的 P。[③]

然而实际上，这种解释模式混淆了解释过程的两条线索。解释过程由问题引发，经过解释者的作用，导出了两条差异化线索。一是与解释问题联系，也就是解释者给出解释理论，来回答待解释问题；二是与被解释者联系，使其获得新的理解和认识。前者

---

① Bitzer L. , *The Rhetorical Situation. In Contemporary Rhetorical Theory*：*A Reader*, New York：The Guilford Press, 1999, p. 221.

② Tindale W. , *Acts of Arguing*：*A Rhetorical Model of Argument*, Albany：SUNY Press, 1999, p. 90.

③ Faye J. , *The Nature of Scientific Thinking*, New York：Palgrave Macmillan, 2014, p. 111.

是考察解释的正确性,后者是考察解释的有效性。而传统科学解释注重对前者的语义学研究,忽略了后者的语用维度,存在一定片面性。为此,修辞分析应运而生,在考察前者的基础上重视后者的研究价值和作用,也就是对解释的判定逻辑的关注。

我们通常认为,修辞分析的判定逻辑是一种"模糊的实践逻辑"。这意味着,修辞分析首先基于模糊逻辑规则,其次注重实践的劝服效果。可以说,这是一种以模糊逻辑为基础而延伸出的,在给定语境条件下,针对模糊逻辑导出的真值与解释对象的交互作用而产生的实际语用效果为判断依据的逻辑规则。而对于修辞的实践问题而言,需要考虑如下几个问题。

第一,修辞劝服效果问题。修辞解释模式认为,解释效力实际上就是科学解释的修辞劝服效果,它虽然基于客观逻辑标准,但事实上最终取决于解释过程对被解释者的劝服程度。科学解释并不仅仅是指出被解释对象是什么和为什么,而是同时需要改变被解释者的认识状态,使其通过解释过程得到丢失的信息,以获得关于问题的新理解。[①] 从这个意义上讲,修辞分析实质上是以科学主题为对象、以专业化和规范化方法为手段的修辞实践。

因此,科学解释还需要考虑修辞和语用的角度被理解,而不仅限于其内容和逻辑结构。所以说,从整体角度对修辞分析进行判定,主要是在逻辑基础上判断解释产生的修辞劝服效果:成功的解释须遵从事实证据和逻辑规则、能给出适当的回答,并对被解释者产生实际影响。

第二,意向性问题。修辞解释过程中的意向性问题集中于,解释者和被解释者之间语义的转换和传递性。在整体层面,对于科学理论和研究对象的解释,除了公理化形式体系的内在特性,也存在确定这些理论模型中意向性的外在特性。"这种内在与外在特性的统一,才能够真正使一个理论的意义整体性得到完整说明,

---

① Searle J. , *Speech Acts*, Cambridge:Cambridge University Press, 1969, p. 46.

从而使理论的创造和建构过程与理论的解释过程统一起来。"① 而在具体操作中，实际上就是使解释者和被解释者在给定语境条件下，其意向性特征达到某种程度的一致。

法耶（J. Faye）在其著作中提到，解释要获得效力，当且仅当被解释者相信解释者和解释理论，并接受其作为自己新的理解。他举例说明：教授向学生解释热力学问题，学生实际上并不知道该解释为何能解决问题，然而她坚信教授给出的是一个正确解释，于是在没有理解的情况下接受了这种解释。② 此时，学生的物理学知识没有达到理解问题、教授解释之间关联的程度。然而，她受到教授气质的影响，这个解释过程最终还是给了她一个新的认识状态。

因此，修辞解释模式认为，对于暂时无法解释其原因但确实存在强相关性的现象，也可以当作直接使用的观点佐证。这种意向性行为的表述，并不是单纯的懒人原则或者对科学理性精神的摒弃，而是一种科学研究的实用主义原则。比如，量子纠缠理论（quantum entanglement）中，在观测对应两个量子组合中的一个时，另外一个必然会做出相对应的行为，这与空间距离等因素无关。从某种意义上讲，这个现象超越了相对论的解释范围，但确实是真实存在的、可以被接受的。因此，在后续对信息传递概念的修正和新理论提出之前，我们可以接受并使用这种现象证据。

第三，语境问题。从宏观上讲，语境的构建是使用科学解释或对科学解释进行评价的前提。一般来说，能够促使被解释者产生理解的语境，必然有与此类似的语境。比如，类似的科学实验能够使人获得相近的现象信息；在科学解释中通过修辞构建的相通语境，可以使得被解释者产生相近的理解。一个特殊的解释或许

---

① 郭贵春：《语义分析方法与科学实在论的进步》，《中国社会科学》2008 年第 5 期。

② Faye J. , *The Nature of Scientific Thinking*, New York：Palgrave Macmillan, 2014, pp. 264 – 267.

会保持其解释相关性，因为它的命题内容在其他的相似语境中相通；而同样，对于同一种现象，也可能根据语境条件的不同，产生不同的解释。这些差异化取决于解释时语境选择的不同。

例如，物理学家使用两种原子模型来说明原子核内部结构和性质。第一种是壳层原子模型（shell model）。它表示，核子的运动轨道与能量级相关。这一模型非常适用于解释原子核内单独的粒子运动。比如，当知道了核子运动的势能时，薛定谔波动方程就能给出轨道的性质。第二种是液滴原子模型（drop model）。它把原子核视为类似于水滴的整体，原子核可以根据其所要表示的旋转或振动行为而进行形状的改变。液滴模型关注原子核的整体运动，对于原子裂变等现象有更好的解释效力。① 除非我们给定了语境条件，否则这两种模型就不能区分表述和解释意义的价值差别。壳层模型和液滴模型可以在不同的方面帮助我们对原子核进行理解，而选取哪种解释，取决于在给定语境条件下，科学家对于其所可能产生的解释效力的判断。

所以，在修辞学研究视野中，科学解释是一种依赖语境的、带有劝说目的的修辞实践。在修辞解释中解释者通过给出回答的方式，提供一定的逻辑规则、事实状态和证据信息，填补原本在解释要素、被解释对象之间的联系，将被解释者带入了一个广阔的解释语境中，这里包含被解释者熟知和愿意接受的因素，从而推动修辞劝服过程的进展、加速修辞劝服效果的产出，最终使被解释者从未知和不理解状态转向知道和理解状态。总体来说，修辞解释的一般模式可以表述为：

　　在给定语境条件下，解释者 S 给出回答 u，向被解释者 H 解释为何有现象 q，从而帮助他获得关于被解释对象 Q 的理解。

---

① Faye J., *The Nature of Scientific Thinking*, New York：Palgrave Macmillan，2014，pp. 112 – 113.

模糊逻辑和语境论思想的发展为修辞分析提供了逻辑基础，使其产生了不同于传统科学解释的逻辑特征。模糊逻辑及其在数学、物理学研究中的应用，为语言学研究——尤其是与科学相关联的修辞分析研究——提供了逻辑上的规范性和新的认知推理方式；同时，修辞分析在新时期的科学理性范围内，对概念、指称、意义等的语义表征，以及修辞和语用效果等方面做出了有自身特色的研究，并促进了模糊逻辑理论的日臻完善。近些年来国外一些学者开始关注在模糊逻辑基础上构建的语境逻辑，虽然这种逻辑尚未成熟，但是可以明显感觉到，语言学特别是修辞学的逻辑基础仍是离不开模糊性的。而无论是修辞分析的表征逻辑还是判定逻辑，均是在语境条件下展开的，其思维的扩展与推导过程都受到了给定语境条件的约束和影响。可以说，模糊性与语境性既是修辞分析展开的前提与基础，又体现于解释过程中，并决定了在表征和判定意义上修辞分析的逻辑特征。

我们从梳理修辞解释模式的发展过程入手，先后讨论了修辞解释的语境结构和预设问题，并对修辞分析过程中的表征和判定逻辑特征进行了研究，从而在整体上给出了一种修辞解释模式。虽然这种解释模式尚未成熟，并不能达到"模型化"的层次，但是不可否认这对于后续修辞分析研究的扩展和深化有着重要意义，同时也证明了语境融合视野下科学修辞研究的进步。

第六章　修辞解释的应用

马克思曾经一针见血地指出了理论应当具备展现的实践价值，他强调："哲学家们只是用不同的方式解释世界，问题在于改变世界。"① 科学解释向来是比较注重语用性问题的，即追求理论观点在适用性、实用性、效力性角度的问题。因此，科学修辞解释也侧重于将其对客观世界的规律性理解转化为对具体问题的应用。

对于这种应用，我们要从两个方面把握。第一，它是我们在前述"从具体到抽象"，即从历史、逻辑等角度建构修辞解释模式后的一种"从抽象返回具体"的过程。在这一过程中，不可避免地与上述章节中讨论的一般意义上的修辞解释、修辞分析概念及其理论有所差异。这实质是由理论的具体化应用而产生的特殊性和差异性，而并非是内在逻辑的抵触。第二，在具体到抽象的过程中，我们追求的是"建构"和"模式化"，而在抽象返回具体的过程中，我们追求的是一种借助现有"建构"和"模式化"展开的修辞化解析，或者说是以修辞视角帮助我们理解对象，进而为对象存在、功能、价值等的合理性提供了一种崭新的辩护方式。接下来，我们希望通过文本的修辞化叙事、话语效应的修辞化理解、社会实践的修辞化变革三个角度展开应用探索，以期逐步将修辞解释的理念贯彻到具体的现实域面中。

---

① 《马克思恩格斯文集》第 1 卷，人民出版社 2009 年版，第 502 页。

第一节　恩格斯"自然报复"的修辞化叙事

自然辩证法是马克思恩格斯的重要思想遗产，以此为基础展开的研究是我国科学技术哲学学科的源头之一，自然辩证法相关文献也理所当然是科学技术哲学领域宝贵的文本财富。

"自然报复"在恩格斯自然辩证法思想中的重要性不言而喻，从修辞解释角度来看，恩格斯以"自然报复"为线索，从人与自然的关系入手展开唯物辩证法在自然界和历史观中的统一性论证，他以修辞手法将现实中"人与自然关系的异化"同"人与人关系的分离"联系起来，最终通过批判资本主义生产方式为从根源上解决"自然报复"提供了方法论路径。进一步来讲，恩格斯将写作背景、修辞方式、写作意图等巧妙地隐含在文本叙事过程中，为"两个提升""两个和解"等重要思想的提出提供了生动图景。① 从修辞化叙事的角度对"自然报复"进行解析，能够帮助我们更加全面地理解恩格斯这一重要思想。

一　以成形线索理解"自然报复"的历史语境

恩格斯的早期研究就是从现实中的环境污染问题着手的，他自觉地将这些放置于社会语境下进行了细致的考察。青年恩格斯在《伍珀河谷来信》里介绍了他的一些实地考察工作，他先后考察了工业化带来的河水污浊、空气中煤烟和粉尘遍布等现象，尖锐地指出了：工人们更像是工具而逐渐丧失了人的活力。而后在《英国工人阶级状况》中，他进一步陈述了污染问题及其对人类的反

① 李合亮、张旭：《恩格斯"自然报复论"的叙事特征》，《光明日报》2020年6月15日第15版。

噬。他所见到的是，煤烟将街道、房屋熏得又脏又黑，河流黝黑发臭而充满废弃物，这与人类生活环境的每况愈下相呼应，也与资本增殖的欣欣向荣形成了强烈反差。

恩格斯此时显然已经察觉到自然界中生态问题与人类社会发展的关联性，他试图找寻这种冲突的根源。于是，他在《国民经济学批判大纲》中肯定了资本家的历史贡献，却又将社会问题的矛头指向了这种竭泽而渔式的生产活动，即资本主义的生产方式。恩格斯认为，资本主义的生产、资产阶级的进步只不过是"人类普遍进步的链条中的一环"，是为了人与自然和人与人的"两个和解"开辟道路。① 这样一来，恩格斯早期研究的初步结论就与马克思不谋而合了，这也直接促成了他们的伟大友谊。

沿着这条思路，恩格斯在《论权威》中首次以"报复"为关键词，以一种修辞化、形象性语言描述了资本主义社会生产所引发的人与自然的关系矛盾，并在《劳动在从猿到人的转变中的作用》中完整阐述了"自然报复"观点。《论权威》中已经具备了"自然报复"观点的雏形："如果说人靠科学和创造性天才征服了自然力，那么自然力也对人进行报复。"② 而在《劳动在从猿到人的转变中的作用》一文中，恩格斯从两个方面比较完整地阐述了"自然报复"观点：第一，劳动在从猿到人的进化过程中起到关键作用，由此使人区别于自然界中其他生物，"架起了从自然史向人类史过渡的桥梁"③；第二，人与自然应当是一种辩证的互动关系，如果人类违背自然规律，就必然会遭到自然的反噬。后者在《自然辩证法》中表述的更为明显："我们不要过分陶醉于我们人类对自然界的胜利。对于每一次这样的胜利，自然界都报复了我们。"④

---

① 《马克思恩格斯文集》第 1 卷，人民出版社 2009 年版，第 63 页。
② 《马克思恩格斯文集》第 3 卷，人民出版社 2009 年版，第 336 页。
③ 张云飞：《从创作史看〈自然辩证法〉内容编排的文献依据》，《自然辩证法研究》2015 年第 11 期。
④ 恩格斯：《自然辩证法》，人民出版社 2015 年版，第 313 页。

在《反杜林论》和《自然辩证法》的写作过程中，恩格斯已经从关系角度将人与自然关联起来，并自觉用辩证思维方式将现实问题和深层背景进行抽象提升，以历史角度展开人类社会与自然的发展过程，系统论述了社会矛盾的深层原因并试图给出变革生产方式的方法论途径。

此外，我们还要注意到恩格斯的写作语境问题。恩格斯在晚年运用出色的语言组织和表达能力对马克思的思想遗产进行了进一步阐释，他试图构建一个更加完整的哲学体系，以"自然报复"将自然辩证法思想有机组合起来。

总的来说，"自然报复"观点的写作语境主要有三个方面。第一，欧洲无产阶级队伍壮大后对一种体系化、系统性世界观的需求。欧洲工人运动经历了较大波折并日渐颓靡，其原因很大程度上在于缺失统一的思想武器，这在《共产党宣言》诞生和共产主义者同盟改组后有了一些好转。但随着革命的进一步深入，普通党员或者被庸俗唯物主义等类似的世界观侵蚀，或者逐渐走向机会主义、冒进主义，这就导致了无产阶级队伍不断丧失战斗力。如何在无产阶级及其政党内部形成统一的、完整的世界观是马克思恩格斯奋斗一生的缩影，为此马克思恩格斯各有分工，以"自然报复"观点为代表的自然辩证法就很好地解释了人与自然的矛盾问题，并从一个侧面揭示了人类必须进行"两个和解"的社会主义革命的深刻道理。第二，科技进步的深刻影响。近代自然科学的崛起使自然的神秘面纱逐渐被揭开，科学的威望逐渐超越了宗教神学和哲学理论。长久以来，逻辑性一直是衡量理论价值的重要尺度，而现在，理论的科学性逐渐成为其价值的代名词。所以如果要使马克思主义理论具备长久有效的影响力，就必须使其与科学技术的迈进步伐一致，即剔除形而上学和唯心主义的自然观，以辩证法认识自然、社会和人自身。第三，对人与自然之间冲突的现实反思。资本主义生产方式极大地促进了生产力进步，其逐利本性也进一步加剧了人与自然的紧张关系，人对自然的理解并没有快速跟上对自然的改造速度，环境污染、资源浪费、生态破坏、科技伦理等都成为需要迫在眉睫进行反思和审视的。

二　以修辞方式理解"自然报复"的文本语境

为了在批判的基础上使人易于接受"自然报复"观点及其解决路径，恩格斯采用了几组较为明显的修辞方式。

一是拟人表达。总体而言，恩格斯将自然的反作用喻为"自然报复"，借用了神学和泛灵论的表达方式以使自然看起来具有人性甚至一定的神性①，它超越了宗教的教条与哲学的刻板，又深刻体现了人与自然相互作用的辩证特征。以此为线索，恩格斯将自然界和人类社会的演进历史紧密联系起来，并使得后来对资本主义生产方式的批判等方法论路径显得顺理成章。

二是类比思维。恩格斯在自然辩证法体系构建的过程中，用类比思维方式在《反杜林论》旧序中已经为"自然报复"的提出做铺垫，并为其解决路径做了映射。在这篇文章中，恩格斯指出自然界的联系不应该是构造的而应是发现后在经验中被证明的，因此需要彻底颠倒那些因尚未弄懂而被神秘化的理论。沿着这种思路，恩格斯列举了热素、燃素等对规律的倒置以及自然科学的成功反转，恩格斯此后尝试解决的两大问题的处理方式都是按此类比逻辑执行的。其一就是对于黑格尔辩证法而言，需要将其按照上述自然科学成功案例的类比模式进行颠倒后，才能使其具备合理的现实解释效力；其二就是"自然报复"等产生的自然畏惧感会偏离解决问题的初衷，应当将其视作是对现实冲突的拟人化表述，其实质是人的自我报复，因此需要按照上述类比思维进行颠倒，即从变革"人与人的关系"入手去改善"人与自然的关系"。

三是模型抽象。恩格斯在论述"自然报复"时，从案例分析

---

① 注：这里的"神性"指的是自然展现出超越人的能力，即报复能力，而不是说自然成为了一种"神灵"。

到理论的模型化突显了两个目的。其一是用自然环境出现的危机反讽人类认识、生产的盲目性。早在恩格斯的时代，自然破坏问题已经十分严峻，恩格斯援引了多个案例，例如美索不达米亚、希腊、小亚细亚等地居民焚烧森林导致水土流失，阿尔卑斯山的意大利人乱砍滥伐导致他们失去了畜牧业根基。其二是试图在这些纷杂的现象背后探寻一种统一的解释理论，并以此反思现实中可行的解决路径。最直接的是恩格斯通过西班牙种植场主焚烧森林作为肥料供给咖啡树，结果导致"倾盆大雨竟冲毁毫无掩护的沃土而只留下赤裸裸的岩石"，借此恩格斯指出资本家仅仅是为了直接利润而改造自然，"人们注意的主要只是最初的最明显的成果"①，因此这种论述就实际上提供了推翻当时资本主义制度的逻辑依据和理论模型。

三　以写作意图理解"自然报复"的辩证批判

"共产党人不屑于隐瞒自己的观点和意图"，恩格斯在论述"自然报复"观点时有着明显的写作意图，即对旧的自然观念的彻底清算。正是在这种写作意图的目的性指引下，恩格斯才更好地使用了一些具有针对性的修辞方式和叙事手法。

第一，对自然主义和人类中心主义的清算。

人类社会自诞生以来，在很多方面受制于自然，因而人类产生了对自然的敬畏思想，进而发展为自然地理环境决定社会发展的极端思想。恩格斯认为自然主义是片面的，它只看到了自然力对人类社会的单方面作用，"忘记了人也反作用于自然界，改变自然界，为自己创造新的生存条件"②。自然变化是缓慢的，人类活动加速了这一过程，而那种未经人类干预的变化"简直微小得无法计算"③。长期受自然主义思想的禁锢，一旦人类掌握了武器，就

---

① 恩格斯：《自然辩证法》，人民出版社 2015 年版，第 316 页。
② 恩格斯：《自然辩证法》，人民出版社 2015 年版，第 98 页。
③ 恩格斯：《自然辩证法》，人民出版社 2015 年版，第 99 页。

又走向另一方向的极端——人类中心主义。

与自然主义不同，人类中心主义强调人对自然界的支配、控制和统治。有意思的是，从根源上讲，不论宗教还是反宗教的启蒙运动，它们最终都走向了某种程度上的人类中心主义。人类社会的早期宗教往往在自然主义基础上宣扬"万物有灵"的泛神论，而基督教虽然也压抑人性，但又无形中将人的地位提升到神之下、自然力之上。正是基督教文化中"人类和自然、灵魂和肉体之间的对立的荒谬的、反自然的观点"①，彻底激起了人与自然的对立。自此，人就可以公然宣称对自然的优越性，甚至在现实中处处试图展现对自然万物的统治权，这成为西方文化的底蕴并伴随工业革命的蓬勃发展而迅速传播到全球各地。启蒙运动的兴起使"知识就是力量"深入人心，同时这也成为人类对自然攻无不克、无往不胜的口号，后果是过度吹捧人类在自然界的地位继而导致了人类对自然的肆意攫取。

恩格斯理性定位了人与自然的关系。首先，自然是先在的物质存在物，它不但先在于思维，同时先在于人类和人类社会。撇开自然、人与自然关系而谈论历史观问题的思维方式是不完整的，恩格斯正是为了解决马克思历史辩证法的这部分缺失而阐述了自然辩证法。其次，自然界为人类提供了物质基础，没有生产对象就不存在生产活动和作为劳动主体的人。只有看清这种辩证关系才能察觉到，现实中自然的步步退缩背后是自然报复的步步紧逼。再次，恩格斯曾经使用"支配"一词来说明人与自然的关系，但是我们要结合当时的语境才能更好地理解他想表达的深层意蕴。他在说"人则通过他所作出的改变来使自然界为自己的目的服务，来支配自然界"时，在旁边备注了"改良"来商榷"支配"一词的使用，同时又接着指出，人对于自然的所谓的支配，指的是

---

① 恩格斯：《自然辩证法》，人民出版社 2015 年版，第 314 页。

"能够认识和正确运用自然规律"①。

第二，对庸俗唯物主义和社会达尔文主义的清算。

随着欧洲工人运动如火如荼，一些旧观念的变种大行其道，它们披着改良主义的外衣，或者抛弃辩证法而最终又滑向唯心主义，或者武断地将自然科学嫁接到社会运动中，"庸俗唯物主义"和"社会达尔文主义"就是后者的主要代表。毕希纳即为恩格斯所指的"庸俗的巡回传教士的唯物主义"代言人，恩格斯批判毕希纳的文章也被收录为《自然辩证法》的首个片断。

恩格斯从两个方面对此进行了批判。第一，辩证法是区别于形而上学的科学理论。形而上学僵化地视矛盾双方为单纯的对立关系，而辩证法更加注重两者关系的相互运动。近代自然科学的进步彻底暴露了形而上学作为哲学基底的弊端，"十九世纪科学进步表明，自然科学正在向辩证思维复归"②。非黑即白的自然观是基于形而上学形成的一种教条主义认识，而要解决"自然报复"问题，就需要基于辩证法进行自然观的变革。第二，要警惕僵化地迁移自然科学理论。实际上达尔文的自然观也是形而上学式的，例如"生存斗争"概念并没有彰显自然界在斗争特殊性之上的和谐共生。恩格斯说"在自然界中决不允许单单把片面的'斗争'写在旗帜上"，而且"把历史的发展和纷繁变化的全部丰富多样的内容一律概括在'生存斗争'这一干瘪而片面的说法中，是极其幼稚的"③。所以恩格斯认为，剖析满目疮痍的自然生态背后的根源，就需要从理论认识转向对阶级斗争、资本主义生产方式的批判，如此一来就完成了马克思主义理论在历史观和自然观上的一致性。

第三，对形而上学自然观和唯心主义辩证法的清算。

---

① 恩格斯：《自然辩证法》，人民出版社 2015 年版，第 313—314 页。

② 张云飞：《从创作史看〈自然辩证法〉内容编排的文献依据》，《自然辩证法研究》2015 年第 11 期。

③ 恩格斯：《自然辩证法》，人民出版社 2015 年版，第 300 页。

费尔巴哈以局部肢解的方式破解了黑格尔哲学中的神秘主义，即将辩证法体系的链条打碎，并将打碎的链条翻转后重新组建，然而这种还原实质是对辩证法的抛弃。所以在马克思恩格斯之前，唯物主义既是高峰，却也退回到形而上学的窠臼中。

费尔巴哈的"半截子唯物主义"根源于"感性直观"及"人本主义"观点的局限性。第一，感性直观会导致历史唯心主义。以感性直观为出发点，能轻易得出经典命题"人是环境的产物"，将其移植到社会历史观中时，类似地可以得出"人是制度（经济、政治、教育、法律、文化等）的产物"，而制度是由特殊群体即统治阶级制定的，同时会受到社会文化的左右的，也就是说，"制度是观念的产物，人是制度的产物"，最终这种认识导出了"人是观念的产物"的历史唯心主义经典命题。第二，费尔巴哈"人本学"并没有彻底彰显人的本质。虽然"他超越了将人性与动物性等同起来的庸俗唯物主义，也超越了'人是机器'的机械唯物主义"①，但费尔巴哈将精神性的类本质"爱"或某种自然属性视为人的本质，忽略了完整的社会关系和物质条件基础，又最终在社会历史演进的逻辑上滑向了唯心主义。

所以旧的唯物主义仍是形而上学式的，在此基础上建立的自然观已经不再适合社会、科学的发展需求。自然科学的进步逐渐揭开了自然的神秘面纱，受此鼓舞，一些哲学家也认为万物皆是科学，"宇宙是机器""自然界是数学"等观念层出不穷。这种研究方式基于经验科学收集和整理材料，对每个部分进行解剖式的细节研究，确实在早期推动了科学进步。然而到了恩格斯的时代，"形而上学观点由于自然科学本身的发展已经站不住脚了"②。甚至在古希腊哲人眼中流动的、生成的、变化的自然，都远远超越了形而上学那种机械的判断、静止的观察和片面的组织形式上的自

---

① 苏伟：《论马克思主义方法论革命的历史意义》，《马克思主义研究》2014 年第 1 期。

② 恩格斯：《自然辩证法》，人民出版社 2015 年版，第 3 页。

然。随着形而上学在自然科学领域的土崩瓦解，恩格斯预言"新的自然观就其基本点来说已经完备：一切僵硬的东西溶解了，一切固定的东西消散了，一切被当作永恒存在的特殊的东西变成了转瞬即逝的东西，整个自然界被证明是在永恒的流动和循环中运动着。"①

马克思恩格斯从黑格尔那里继承了辩证法合理内核，将其改造为唯物主义基底上的方法论工具。他们承认"黑格尔第一次……把整个自然的、历史的和精神的世界描写为一个过程，即把它描写为处在不断运动、变化、转变和发展中"②。然而"黑格尔将辩证法解释成为一种观念的辩证法"③，如此一来，包括自然在内的物质对象都成为观念衍生的结果，只能从精神理性中超越经验物质以探求人与自然的统一。因此费尔巴哈局部肢解式的变革是注定失败的，只有从整体上纠正辩证法的适用对象才能真正解决问题。

可以看到，借助语境融合视野下的修辞解释方式，我们在一个特定的语境中展开修辞角度的解析，从一个侧面更好地还原了文本包裹着的更多信息，这些复杂的外部信息与文本内容一道构成了鲜活的思想体系，这是我们深入研究和理解经典文本的一种重要的方式。

第二节　话语负向传播效应的修辞化理解

随着全媒体时代的来临，话语的表现、表征、表意形式都发生

---

① 恩格斯：《自然辩证法》，人民出版社 2015 年版，第 18 页。
② 《马克思恩格斯文集》第 9 卷，人民出版社 2009 年版，第 26 页。
③ 杨莉、刘继汉、尹才元：《浅论〈自然辩证法〉中的生态意蕴及现实价值》，《自然辩证法研究》2018 年第 4 期。

了一些改变。从语境融合视野下的修辞解释角度来说，无论是现实话语还是网络话语，其形式上都是具备一定语形符号的，其负载意义需要借助一定语义逻辑展现，其价值又在不同语用条件下发挥不同程度的作用。在网络中较有代表性的话语冲突，其实质是一种特殊情境下的修辞过程。

以近几年兴起的网络媒介平台为例，它们无一例外地超越了传统意义上自身专注的经营范围。比如在音乐平台中，音乐资源作为平台基础，而如何以社交等行为激活音乐资源的利用率则成为了平台存活的关键。基于这种理解，借助音乐社交理念而再次火爆的音乐客户端迅速展开了一种新型的社会交往样态。在这一新型的交往过程中，话语负向传播效应是极为特别的存在，借助修辞解释模式可以很好地理解其产生和传播的规律性。

一　话语负向传播效应的典型特征

话语的负向传播是一种特殊化的修辞过程，这种过程及其效应的展现具备一定的规律性。

第一，话语负向传播是新技术条件下的一种必然现象，这是一种复杂化的修辞，它不一定是从修辞主体到受众的，在这种传播过程中修辞主体时常会处于隐匿状态，并且主体的目的性也有可能在话语传递过程中发生变化。

随着技术的迭代，身处网络空间中的群体被卷入了一种现代性建构与后现代性解构的矛盾冲突中，话语的冲突性就是这种状态的深刻反映。例如，音乐平台以文艺风格包装社区环境，这是典型的现代性建构；而社区参与者却来自复杂的现实阶层，他们在网络中的"反传统、去中心、弱权威"诉求形成了一种后现代解构主义浪潮。从网易云音乐平台兴起的"网抑云"蔓延全网，"人均抑郁症"样式的矫揉造作之风波及了大多数网民，这就是典型的话语负向传播引发的系列效应。

第二，从结果上讲，虽然负向传播意味着一种"坏的修辞"，但是这种"坏"并不一定是由话语本身负载的价值所导致的，而很大程度上可能是由使用语境所诱发的，或者是修辞过程对于中性甚至正向话语的错误利用所导致的。因此，我们要从话语的语用角度区分正负效应，或者说，我们要区分的是一种话语在传播过程中展现的"传播效应"，而不是话语本身的"价值效应"。

二　技术赋权的双刃剑与话语传播

技术赋权降低了网络中话语行为的参与门槛。移动硬件与移动通信技术、网络技术等不断提供网络载体和传播方式的创新驱动力，"人人掌握麦克风"后，个体拥有了信息接收者和信息创造者的双重身份。"多元网络话语主体的形成彻底打破了由中心化、单向传播的传统大众媒介所维系的封闭话语体系，并促使着新型网络话语符号以及修辞方式不断涌现"。①

网络技术引导并塑造着用户的话语行为习惯。利用大数据信息收集、智能算法推演、个性化订制与推荐等的耦合机制，网络平台可以较为准确地对用户画像进行描绘和匹配。具体表现为：通过浏览记录、次数、时间进行大致刻画，然后基于点赞、转发、评论等关键行为进行二次定位，以"推荐"功能为用户订制平台中现有的一些关联性资源，从而提升资源利用率和用户粘性。

但是新兴技术的应用也带来了一些附加后果，话语负向传播效应就是其中之一。首先，大数据和智能算法会使某种固定的效果不断叠加，即"好上加好"与"坏上加坏"。随着用户使用时长、频次的增加，平台资源的推送精准度将不断提升，而与此相关效应的关联性一旦触发，它就会不断叠加。其次，推荐功能容易产生"过滤气泡"，使人们不断陷入"信息茧房"。例如，即使是用户无意间浏览了包含不良信息的话语，类似的信息就会通过推荐算法而不断涌现，"偏轨"问题发生后，算法推荐将助长负面信息

---

① 吕欣：《网络话语的修辞建构与意义生成研究》，《现代传播》2017 年第 11 期。

的传播，让他们陷入自身的审美和认知局限之中而不自知。①

三 传播效应中话语的修辞功能

话语只有借助话语行为才会获得正负双向的传播效应，其中，修辞解释角度的情感纽带和语境构建分别是具体和综合角度解析话语负向传播效应产生、互动和传播的有效视阈。

第一，情感纽带功能。

自古希腊哲学到现今科学哲学，最具代表性的经典修辞方式就是"诉诸情感"。在网络场域中，情感纽带作用是最基础的也是较为有效的。当人们参与到话语交互过程，他们就成为了产生情感、激发情感、共享情感的主体性要素，而负载了情感的话语从一种刻板符号转变为情感表达、社会交往的有效工具。话语使用过程体现出正负双向的传播路径，它们从不同角度进行情绪的感染和情景展演，促成了个体之间的情感共鸣、共振、共情等现象。以音乐平台为例，音乐社交中的话语行为虽然有评论、点赞等形式化区分，但它们在话语的生产、互动与传播中处处体现了话语修辞的情感纽带作用。

首先，对话语的情感嵌入。没有感染力的话语一方面无法顺利地完成情感从个体到他人的传递，另一方面也会被其他更有价值的话语替代。网络话语在生成时就带有一定目的性，可归结为一种情感嵌入：以简洁符号适应快速交流的网络交往需求；以个性化表征适应个体自我表达需求；以夸张的情绪表达适应"博眼球"的情感传播需求。

其次，话语使用中的情感互动与社会关系重塑。由于网络空间中人们无法凭借真实感觉完成信息传递和身体互动，因此借助表情包完成部分语言的临摹与表意成为了新的时尚，这种潮流也在

---

① 骆郁廷、李勇图：《抖出正能量：抖音在大学生思想政治教育中的运用》，《思想理论教育》2019 年第 3 期。

网络平台中以特定的形式完成情感互动，点赞和转发就是最具代表性的。我们要特别注意，除了积极和稳定的情感维系，网络场域中的话语负向传播效应也具备情感维系功能，甚至越是激烈的、能够强化群体差异的冲突性和负面语言，越能加速个体融入群体的过程。

最后，情感记忆的唤醒与传播效应的共振。经历过一次以上的情感互动后，与此相关一系列行为、仪式、情绪等信息都会被存储到个体的记忆中，成为一种"默会知识"，这些信息无需刻意学习和复述就能自觉地被记录和读取。当个体之间的默会知识达成了一定共识，类似的经历就会成为群体内部可沟通、可共享、可传承的集体记忆，并能够以此识别社会身份、建构新的社会关系。

第二，语境构建功能。

情感纽带是从话语内部结构角度而言的，而置身于网络场域中，包裹情感等因素的话语惟有通过综合性的语境构建才能真正意义上实现其效用性。借助叠音、摹状、异语等主要修辞方式，话语完成了语形上的简洁化、直白化，并在情感嵌入后完成了既定的语义包装，之后借助网络社交将话语展现给他人并产生相应的语用效果。

首先，身体缺场与身份在场。网络话语的交流语境是虚拟的，作为现实个体的延伸，参与其中的个体是一种身体的"缺场"，但这并不影响其身份的"在场"。而且恰恰是这种特殊的分割状态，推动了身体缺场后个体语言行为的失控、肆无忌惮，"使得暴烈地传播带有非理性因素的观点成为部分主体排解日常生活紧张情绪的狂欢。"[①] 这就导致了，一方面，虚拟网络语境比现实社会更容易激发个体自由、大胆、开放式的互动行为，以此完成其宣泄情绪和社会交往目的；另一方面，由于话语目的的显现，更易促使

---

① 郑敬斌、刘超：《重大疫情负面舆情的生成与治理》，《思想教育研究》2020 年第 3 期。

有相同志趣的个体集结成群体。在这种情况下，暴力、抗争等情感更容易博得关注和支持，因此网络话语传播的群体情绪就会带有更多的负面性质。

其次，相通修辞语境中的情感流动与传播效应的展现。要实现身份在场，就需要构建具有空间感和代入感的话语语境，否则，具有相同情绪的话语也可能因语境不通而导致风马牛不相及。参与到网络话语互动中的个体，通过自我构建的语境展开了他人嵌入的情感，从而使得在不同语境中的不同个体完成了相通的情感、场景再现，即唤醒集体情感记忆后的情感共鸣和共振。

最后，语境的自组织特征与效应的自组织传播。网络虚拟语境中的话语同样具备自组织特征，这一方面根源于话语使用者自发形成群体的冲动，另一方面源于语言传播过程的自组织特征。一旦个体由于情感认同而自觉加入群体并开始参与群体活动时，就会自发地对群体进行宣传推广，形成一种自组织传播。集群效应又会使个体更加具有集体荣誉感和仪式感，不断推动他们参与群体互动，群体的情感能量更加稳固，群体记忆和之后的唤醒更加清晰和坚定。因此话语的负向传播效应存在几个阶段并有其相应的阶段性特征，见下表。

表 6.1　　　　　　　　话语负向传播效应的阶段性特征

话语发展阶段	情感表达特征	话语形式和使用语境	话语功能
生成阶段	情感嵌入与话语产生	个人话语，私人语境	增强个人情感表达
互动阶段	情感互动与群体共享	个体话语转向群体话语，私人语境间的相互认同	满足情感互动需求
传播阶段	情感稳定与群体共振	群体话语，群体语境	宣泄个人情感的同时完成群体情感的升华

第三节　图像时代教育实践的修辞化变革

一　修辞在教育衔接性问题中的作用

教育衔接性问题涉及课程教学的整体性与层次性，是外部与内部、纵向与横向多角度关联的。例如承接时代精神是其外部衔接性和横向衔接性的必然要求，统筹课程内容以及课程体系结构是其内部衔接性需要。[①]

随着图像化时代的来临，修辞分析、语境分析等在辩护衔接性和论证有效衔接问题时有其独特优势。一是很好的适用性。"就具体的科学认识过程而言，理性方法与非理性方法各有其特点，理性因素与非理性因素也往往是共同发挥认识作用的。在现实的科学实践活动中，理性与非理性是相互协调、相互契合在一起的。"[②]这意味着，整体的教育和各门学科的教育都必须有理性思维基础的哲学逻辑，在此基础上还必须有非理性思维拓展的修辞语境等方法的作用。二是满足新时代前沿性需求。修辞解释和分析超越了传统经典逻辑论证方式，能够在"理性"与"信服"中间找到一种平衡态。例如，修辞解读方法能够为新媒体视野下课堂教育的可接受性问题提供理论支撑，同时对于课堂实践与社会实践的语境融合模式做出新的探讨。

具体而言，在教育教学语境中灵活运用修辞解释具有以下几点优势：

第一，借鉴情景教学。近年来，情景教学得到了长足发展，它可以通过多媒体制作、案例分析、情景剧与角色扮演、辩论赛等

---

① 张旭：《高校思想政治理论课衔接性的问题与方法论革新》，《河南广播电视大学学报》2021 年第 2 期。

② 刘大椿：《科学理性与非理性的互补》，《山东科技大学学报（社会科学版）》2018 年第 4 期。

灵活方式促进学生的参与，帮助学生在特定情境中快速理解知识、培养技能和培育情感。在情景教学中发掘的"情境创设—情景模拟—情景体悟"等阶段在某种程度上来说就是修辞学和语言学的分析方法应用于课程教学的生动体现。同时，主客体关系的反思使我们越发清晰认识到，教育不是结论性知识的搬运、堆砌、灌输，而是理性思维的激发、培养、锻炼。哈贝马斯曾指出，任何交往行为都需要从相互关系入手展开研究，由此观点进一步深化而来的科学修辞学逐渐成为了当代哲学诠释学中颇具影响力的解释模式，它强调主客体的相互理解、沟通和协调，从而使主客体在特定语境中达到价值认同，完成理解和解释的统一性。因此学生作为修辞受众，需要在教学过程中得到充分尊重并发挥其能动性。这就需要教师的讲课成为一个有目的、有意识的建构过程，在教学展开阶段将学生带入特定语境，在其熟悉的语境中分析多样化案例以适应不同专业学生的认知领域，在学生积极参与的基础上才能使其有获得感和认同感。

第二，创新话语体系。教育功能体现于通过价值认同上升到政治认同，从而形成在教育阶段的意识形态合力，塑造符合国家发展和社会需要的有生力量。这一过程实质是一种修辞过程，同时主要依赖于话语媒介来完成。但是需要注意的是，教学的语言艺术是有界限的，教育的大众化不能以走向泛娱乐化为代价。网红教师是网络时代、自媒体时代的必然产物，但是一些在较为严肃的课程教学中，为博取眼球而高谈阔论，用情感恋爱、八卦新闻等填充课堂的行为明显已经偏离了教育的初衷，这种不良现象是我们需要时刻警惕的。

二　表情包的修辞功能及其教学应用

表情包是图像时代人类交往行为中最具代表性的修辞方式之一。它符合碎片化的信息传播特征、个性化的交往表达诉求和图像化的学生接受规律，其意义建构、情感交互和政治认同等修辞功能较好地切合了教育教学需要，这也使表情包逐渐成为了重要的教学辅助工具。作为近年来新技术工具的典型代表，表情包能迅速捕捉社会热点，通过图像语言的修辞逻辑模拟和表达情绪、态度、观点、立场，呈现出"轻量化"特点，这符合信息时代的碎片化的表达与传播特征。表情包简明轻快的修辞叙事风格易于被人们接受，在教育教学中发挥了辅助理解、调节氛围、情感升华等积极作用。①

表情包从软件内置的交流程序走向开放多元的图像修辞系统，在第三代表情包出现后逐渐被广泛应用于教育教学中。第一、二代表情包即简单标点符号组合和"脸型图像"，它们的表征方式比较朴素和直观，而第三代表情包可表征的信息内容是爆炸性增长的，既具备模拟人类面部表情的基本功能，还可以传递更复杂的情感、场景、情节等。随着第三代表情包的兴起，教学课堂也开始"新潮"起来，课堂气氛更加活跃，教育实效性、学生接受性显著提升。

细究起来，表情包在教育教学中之所以能够有很好的适用性，关键在于其修辞功能可以在当前教学环境中得到很好的展示，进而对知识建构和价值传递起到了一定效果的推进作用。图像语言能负载较之文字语言更多的信息，而且便于课后唤醒已建构的知识体系。在此基础上，注入情感和价值后的表情包将教育内容建构为有血、有肉、有灵魂的丰满形象，使教学过程成为师生双向互动的复合型修辞过程。最后，教学中表情包的应用从个体行为到群体认同，从情感共鸣升华到政治认同，从话语融合到自觉行为，串联起教育的过程性、完整性。

（一）表情包的意义建构功能

在人类交往行为中，图像语言能够负载更多信息并串联起多元

---

① 张旭：《表情包在思政课教学中的适用问题》，《黑龙江高教研究》2022 年第7 期。

线索，既为交往过程中双方提供理解和识记的便利途径，也有利于后续的回忆和复写。早在古希腊时期，"视觉中心主义"就成为一种感知传统，即承认感官中的信息通道较多源自视觉。随着近代以来心理学等学科的确立和成熟，以海德格尔为代表的哲学家们大胆预言了未来的"图像世界"，而当代互联网信息技术的迅猛发展使其正式到来。

第一，图像语言有助于提升教学实效性。

首先，图像语言变革了人们认知结构和思维模式，表情包的快、短、小等特征很好地适应了年轻人的话语体系，以表情包来表达自我的方式已经成为当代人们尤其是年轻人日常生活的交流习惯。早在 2016 年，中国高校传媒联盟对全国五千余名大学生的调查已经表明，88% 会使用表情包，其中 37% 会频繁使用表情包。[①]

其次，图像语言对教学方式和活动过程产生了深刻影响。当今教育教学模式已经从口语教学时代、文字教学时代转向了互联网教学时代。文字教学时代集合了口语语言、文字板书、印刷载体等主要方式，步入互联网教学时代后，广义的图像语言包含了静态图片、动态图片、短视频、专题系列视频等一系列以图片或视频方式传递信息的交流手段。对比文字的枯燥，图像语言更加生动形象，它的修辞功能填补了教学过程中视觉体验的缺憾，能够更好承载情绪、感受等文字表达受限的言外信息，因此它可以巧妙化解课堂中师生言语交互过程中的刻板氛围。所以，恰当使用表情包可以提升教学的实效性，契合"以学生为本"的教育理念，反之逃避使用或错误使用表情包则会进一步加剧教学过程中教学话语与学生话语的理解偏差。

第二，表情包成为师生对话的桥梁。

---

① 宇平、徐平、张磊：《调查显示：88% 受访大学生在社交软件使用表情包》，《中国青年报》2016 年 9 月 21 日第 8 版。

作为"图像世界"中最为便捷和容易入手的工具，表情包的使用体现了课程教学中宏大叙事与学生群体生活化叙事的耦合、主流意识形态话语与亚文化表现方式的交融、被动接受与主动建构之间的张力。

在时代潮流的涌动中，构建图像化的教学话语就成了大势所趋。教师设计、筛选和使用表情包本身就是主动接近学生话语体系的修辞建构过程，师生话语体系的有效衔接将推动两者的视域最终融合于教学话语体系中。所以当前越来越多的教师在教学过程中积极使用表情包等图像化表达方式以更加高效地完成知识传授。

第三，表情包的应用加速了意义建构过程。

从修辞解释角度理解教学过程，可视其为赋意和解码相联结的意义建构过程，表情包在此过程中以其图示联想模式加深记忆、帮助理解，降低了学生对信息接收和转化的难度。

首先，教学中表情包的设计、筛选和使用本身包含了教师的赋意行为。以"课上举手回答问题"的表情包为例，教师在引导问题、发散思考、课堂提问等环节的多媒体课件中使用此表情包，绝不单单是以此拉近师生距离，更重要的是试图使学生自觉与表情包呈现的积极形象关联，进而使其主动参与到课堂互动过程中。从学生的角度来说，中性和积极的表情包更容易负载信息和获得赞同。因此在教学中使用该表情包，学生一般能够较好认可"我就是这种积极参与的学生"，或者至少认为自己"应当"能成为这种积极参与的学生。如此一来，学生的"意会"行为就体现了教师的赋意行为。

其次，教学中表情包信息的传递和唤醒需要通过解码行为完成。表情包的象征性、模糊性信息需要双方形成共鸣得以确定。例如以高低落差明显的"⌐"型曲线搭配文字"闭上眼睛就没有悬崖"，就可以让学生从无意义的线条中意会出"悬崖"的情景。当我们将意义建构在特定表情包之上后，在教学活动之外甚至会产生二次解码或者联想的附加功能。

（二）表情包的情感交互功能

教学并不是单纯地知识传授和建构过程，更是在此基础上将理性活动与感性活动结合的、有情感和价值负载的过程。

第一，教学是理性活动与感性活动的复合过程。

随着认识的深化，教学已经不单单被认为是一种理性活动过程，而是日益以形象、图像、视频等为主要表达方式，同时必然包裹感性活动的复合过程。在此期间，教师的个人魅力、话语风格以及学生角度的感受性和获得感等成为了综合评价教学实效性的重要因素。学生"会对表情包做出一个认知，并将它与头脑中已有表情的经验和观念建立联结，做出反应。"①

这种情感联结进一步带来对应的情绪体验，从而加速、加深教学中理性的意义建构过程。通过表情包的使用，学生在教师的合理引导下完成了教学过程中的情感宣泄，推动课程教学负载情感，在理性教育基础上增加价值教育。

第二，表情包提供了情理交融的课程教学图景。

表情包给人明确的空间指向性，能产生较好的画面感和代入感，将学生从原本对表情包传递知识和情感的"身体不在场"状态带入到"心理在场"状态。表情包从视觉刺激入手引发学生们情感上的想象，从而构建出情理交融的课堂。② 如此一来，"以图传情"的表情包使教学过程完成了学生身体、思想和情感的三者在场，形成了"事实呈现、情感呈现、意义呈现之间的统一"，③在一个情理交融的生动图景中保证教育效果入脑入心。

第三，表情包的情感交互功能推动师生话语体系的衔接。

首先，从修辞解释角度来讲，有效的对话语境首先要保证话语

---

① 谭文芳：《网络表情符号的影响力分析》，《求索》2011 年第 10 期。

② 蓝天、邹升平：《青年大学生思想政治教育的表情包话语运用研究》，《当代教育科学》2019 年第 12 期。

③ 周琪：《思想政治教育的图像化转向》，《思想理论教育》2017 年第 1 期。

信息的真实性，即话语信息客观反映现实、对交流双方通用、符合言语规范、有较高可信度，同时最为主要的是要保证言语交互行为双方的平等性。在教学中应用表情包时，唯有在一种平等互动的情境下才能使学生"认知到主体的情感状态并进行情感互动"①。

其次，情感交互在一定意义上平衡了教学过程中的供给关系。青年学生作为网络原住民，对表情包等亚文化的接受性远远高于教师。而受逆反心理以及个性化表达诉求的影响，他们对于主流文化及其形态的保守性往往采取温和型对抗策略。而表情包的应用恰恰在一定程度上缓和了这种矛盾，为教学活动构建了一个平等交互的语境。在这里可以消解师生间地位、属性的差别，解除学生戒备心理，拉近师生距离，使刻板的理论话语、文字话语和政治话语转化为生动有趣、容易接受的生活话语，加速信息传递的同时完成教育的育人目的。

（三）表情包的政治认同功能

教学中的表情包应用既是教师的教学设计行为也是学生的教学参与行为，表情包的应用可以以点带面地将个体认同强化为群体认同，并由情感认同的视域上升到政治认同的高度，完成课程内教育目的的同时，在教育过程后续的影响中从话语认同传递到自觉的行为维护，从而实现过程完整、效力持久的教育功能。

第一，从个体认同到群体认同。

研究表明，个体在制作和传播表情包的过程中可以形成一定的自我认同，这对于维系人际交往起着稳定性、连续性和增强性的作用。② 在教学过程中保证学生的主体性建构能使其自觉接纳教学内容，这样一来，表情包的选取和应用从一种教师的个体行为演

---

① 谷学强、张子铎：《社交媒体中表情包情感表达的意义、问题与反思》，《中国青年研究》2018 年第 12 期。

② 高永晨：《从非言语交际视角看符号消费的多样性功能》，《苏州大学学报》（哲学社会科学版）2011 年第 4 期。

化为了学生对这种应用的认同行为，并随着上述话语建构过程进一步由个体认同演化为群体认同。有效的话语交互行为进一步激活了个体对其他个体的可信度，使他们在共同体范围内认可和接纳同类个体的观念表达、参与到群体思维的构建过程中，最终在群体认同中保持长期和持续的归属感。

第二，从情感认同到政治认同。

教学中表情包的应用激发了学生在情感互动过程中的个体情绪，他们对教师使用表情包行为的认同就成为了一种自觉接纳表情包传递信息的行为。对表情包碎片化图像内容的接受，有助于加速接受其背后隐含思想或指向这种思想的联系性，以此为关键的记忆符号有效串联起教学活动的信息、情感、思想、理念、原则、立场、方法等，最终使学生自觉完成从情感角度到政治角度的内化、融合和转换。

表情包使用过程中激发的情感体验虽然短暂，但这些记忆符号将长久留存于学生脑海中，使与之关联的上述情感和信息成为一种潜在的、自动化的"默会知识"，并能在今后类似的语境中被重新激活和唤醒。在那一时刻，表情包所负载的政治立场和底线原则等就又会被再次释放出来，由此完成了情感认同到政治认同的延续。

第三，从话语认同到行为认同。

教学话语本身就是一种"意识形态符号"，教育过程中不同的言语行为表征了不同层次、深度的意识形态内容。教学中使用的表情包作为一种新型的图像话语形式，蕴含着隐性的、丰富的指向性教育价值。恰当使用表情包并获得较好的情感交互效果后，师生话语体系的衔接即是教学话语魅力的体现。这种衔接不光存在于师生之间，还存在于同一对象的意识到行动过程中。自古希腊修辞术以来，"诉诸情感"便是一种有效的转化手段，其目的是通过情绪的迸发来推动行为转变，并以情感的连贯性推动行动的持久性。由此使教学中表情包所串联的整个认同过程成为一种

"内化于心"和"外化于行"相互交织的良性循环过程。

　　总之，在充分认识到表情包的修辞功能之后，我们可以清晰地将表情包所负载的信息传递过程理解为一种信息被包装、展现的修辞过程，这为教学活动提供了情理交融的图景，并在学生个体认同到群体认同、情感认同到政治认同、话语认同到行为认同中发挥了重要作用。

结　　语

通过研究，我们发现语境融合已经成为当今科学修辞学研究的必然选择，并且在这种融合视野下的修辞分析焕发出了不同于以往的生机。在它的影响下，科学修辞学找到了一种既可以为自身研究"正名"，又可以继续深入探索最前沿科学解释问题的路径。可以说，语境作为一种黏合剂，将修辞功能导向了特定的连续性，从而保证了修辞分析的逻辑性与完整性。①

21 世纪的科学修辞学研究看似缺乏根基，实际上是处在一种不断探索的上升阶段。一旦我们响应了"回归语言学"的口号并重新发掘语境在修辞研究中的重要地位，科学修辞学的研究方向就豁然开朗了。从极端的逻辑化、公式化哲学走向极端的非理性主义和虚无主义，反映了科学哲学在辩证理性道路上对自身定位的多元思考以及对科学解释范围的重新衡量。语境融合视野下的修辞研究将理性主义和非理性主义还原为一种平等而有效的思维方式，从而在科学理性的基础上探寻一个可供科学解释产生化学反应的平台。

我们应当看到，科学修辞学的当代进展昭示着科学哲学研究中语境问题的重新关注，同时指引我们发现了这种研究趋向。科学修辞学并不是无源之水，它继承了丰厚的修辞学研究遗产，并在当代科学研究中汲取养分。传统修辞学和修辞批评的根本精神在

---

① 参见郭贵春《科学修辞学的本质特征》，《哲学研究》2000 年第 7 期。

这里得到传承，新修辞学所反映的平等观念延伸为一种科学民主化思想，而将修辞学上升为一种修辞哲学的过程，为修辞分析的正式入场提供了模板。回溯历史，我们甚至可以看到在修辞学走向一种目的论和特殊论极端之前，它就已经认识到辩证法和语境研究模式的重要作用，这为后来修辞功能论将修辞分析拉回科学理性范围留有余地。但最令我们欣慰的是修辞分析始终展现着语境性特征，无论是语形表征的语境限定，还是修辞分析的语义基础和规范，抑或是修辞分析与语用学紧密的关联，都印证了科学修辞学研究的语境论转向。当我们从修辞学中抽丝剥茧，梳理出具有修辞特征的科学解释时，可以感受到修辞学从修辞说明到修辞分析的方法论升华，以及修辞分析视野的不断扩展与专业化。不同于传统科学解释，修辞分析对解释主体性问题的清算重塑了一种泛化的主体性，即解释过程的主体性，这使得我们在应用修辞分析的过程中更容易对视角自由切换和方法的自主选择。正是因此，修辞分析才能更大范围地被应用于科学哲学问题研究中，例如对科学社会性问题的重新认识正是基于这样的修辞视角和修辞分析方法的应用。

　　语境论转向象征着科学修辞学的新的研究进路，但是仍不可避免地需要跨越几个主要问题。从重要程度上讲，根本在于对科学修辞学的科学性论证，也就是其学术地位的证明。自库恩提出不可通约性问题以来，科学修辞学就被认为是一种解决科学解释之间通约问题的可能方式，然而当我们使用以修辞为代表的或然性工具时，往往又会受到相对主义的诘难。这种困难也曾出现于语境论研究中，而语境论的回应为我们提供了最有力的借鉴。语境解释在本质上区别于相对主义解释，它讲求的是一种有区别但又有相同可能的境遇，而相对主义将差异扩大化，切断了不同解释之间交流的通道。语境论追求的这种相通性需要在语境平台下实现，所以说语境融合视野下的修辞分析同样能够克服相对主义诘难。另外，修辞理性能否作为一种公认有效的解释标准尚需衡量。尤其是在与具有严密逻辑结构的科学化方法对比研究中，这种非体系化的方法能否替代它们成为一种行之有效的解释逻辑还是值得商榷的。不过近些年来随着模糊逻辑和语境逻辑的不断进步，传统科学解释和逻辑方法面临不完备性困难的同时，也为修辞分析中的表征与判定等方面提供了逻辑化、形式化的可能。当我们深入修辞分析的具体研究域面时，就会发现始终充斥着四种主要问题，分别是科学文本的静态分析与动态需求的冲突，案例研究与理论综合的不均衡，科学的科学性、修辞性与社会性问题，修辞分析的解释性与预见性等问题。实际上前两者自始至终是科学修辞学研究中的两大主要问题，它们中的双方却能够在语境融合的角度上达成某种程度的共识；而通过语境平台的搭建、语境预设等方法的应用也能为后两个问题提供一种行之有效的解决途径。总之，我们认识到语境论转向不仅是科学修辞学的一种研究趋向，而且被证明是解决修辞分析问题的关键所在。

沿着语境论转向趋势，我们顺理成章地需要探讨语境分析法在修辞分析中应用的可行性。通过对传统修辞学法的提炼，我们发现语境分析法作为一种补充，甚至在某些方面起到了不可磨灭的作用。由此修辞分析法和语境分析法的结合应用也成了修辞分析方法论结构中重要的环节。而当我们回顾经典的科学文本分析时，惊奇地发现语境因素扮演着如此重要的角色，这是之前的科学修辞学研究从未重视过的。例如，达尔文的进化论思想中篇际语境分析的应用能够分析出多于、优于传统解释的成果。而当我们关注科学案例研究时，尤其是在科学争论中的语境解释，使得科学家、科学事件的生动形象与过程跃然纸上。这些分析展现了修辞分析中的语境特征，这才真正体现了语境论思想与科学修辞学的完美融合。

这种融合为我们构建一种完整的修辞解释模式提供了可能。无论是文本语境辩证法还是当代社会学互动模式的引入，都未能真正促进修辞解释模式的完整性，根源在于没能认识到修辞解释过程中其本质上的语言学精髓，也就是语境的重要作用。通过考察科学语境、修辞语境和社会语境，我们认识到修辞分析中的语境结构，同时回归到经典修辞学中对修辞主题和修辞者的关注，并运用语境分析将其转换为一种适合当今科学研究现状的平等概念。语境逻辑的支撑，使得在修辞分析中探寻一种表征逻辑和判定逻辑成为可能。尤其是与传统科学解释过程和解释逻辑的对比研究中，修辞分析形成了独特的逻辑基础，并在表征语境中体现了修辞表征的逻辑特征，而控制要素与科学修辞评价机制的研究也表明，修辞分析的判定语境和判定逻辑特征已经逐渐形成。

修辞解释的应用问题是其解释效力的重要体现。在特定的文本语境中展开修辞解释，可以从一个侧面更好地还原文本信息。不论是在现实语境还是虚拟语境中，话语都具备一定语形符号、语义负、语用价值。较好的适用性使修辞解释能够与实践活动结合，其超越传统经典逻辑论证方式的特点就在于它在"理性"与"信服"中间找到了一种平衡态。

虽然本书在行文逻辑上较为完整地给出了一种修辞分析的理解，但是有一些研究困难尚未解决。首先，我们论证了科学修辞学的语境论转向，并证明了修辞分析研究的可能性与可行性，但是对于修辞分析如何论证科学实在性问题尚未完整展开。语境论思想已经独立走出了一种语境实在论的论证模式，因此能否在现有研究的基础上给出一种修辞实在论的证明过程也将是必要的研究问题。其次，修辞分析中对修辞直觉的应用，与语境论思想中语境的自组织化有着异曲同工之妙，在科学系统中如何联系和区别二者成了修辞分析研究的又一问题。此外，科学隐喻、科学类比、科学模型被称为科学修辞学研究的"三驾马车"，[①] 然而近些

---

① 闫世强、李洪强：《科学修辞语言战略》，《科学技术哲学研究》2014 年第 2 期。

年来对科学隐喻和科学模型的研究日益增长，相较而言科学类比思想一直不温不火。作为最基本解释迁跃思维，科学类比思想能否在修辞分析中受到重视是值得探究的问题。受制于文献的匮乏以及我研究时间的问题，此三方面问题的研究面临一些困难，但同时这也将是后续研究的重点。我相信随着时间的推移和研究的深入，这些问题终将迎刃而解，毕竟选对了道路就不怕路途遥远。总之，尽管当前研究上存在不足和面临一些苦难，但不可否认的是，修辞分析与语境分析、修辞解释与语境论解释的结合研究，是一种必然的选择和有意义的前进方向。

参考文献

一　中文专著

曹天元：《量子物理史话》，辽宁教育出版社 2008 年版。

陈嘉映：《语言哲学》，北京大学出版社 2003 年版。

邓志勇：《修辞理论与修辞哲学：关于修辞学泰斗肯尼思·伯克的研究》，学林出版社 2011 年版。

郭贵春：《科学知识动力学》，华中师范大学出版社 1992 年版。

郭贵春：《语境与后现代科学哲学的发展》，科学出版社 2002 年版。

胡曙中：《美国新修辞学研究》，上海外语教育出版社 1999 年版。

蓝纯编著：《修辞学：理论与实践》，外语教学与研究出版社 2010 年版。

李小博：《科学修辞学研究》，科学出版社 2010 年版。

刘大椿：《科学技术哲学导论》，中国人民大学出版社 2000 年版。

刘亚猛：《西方修辞学史》，外语教学与研究出版社 2008 年版。

骆小所：《现代修辞学》，云南人民出版社 2010 年版。

邱仁宗：《成功之路——科学发现的模式》，人民出版社 1987 年版。

王德春、陈晨：《现代修辞学》，上海外语教育出版社 2001 年版。

王玉仁：《系统修辞学》，中国社会科学出版社 2010 年版。

温科学：《20 世纪西方修辞学理论研究》，中国社会科学出版社

2006 年版。

徐鲁亚：《西方修辞学导论》，中央民族大学出版社 2010 年版。

姚喜明等：《西方修辞学简史》，上海大学出版社 2009 年版。

袁影：《修辞批评新模式构建研究》，上海外语教育出版社 2012
　　年版。

章士嵘：《科学发现的逻辑》，人民出版社 1986 年版。

二　中文译著

［澳］艾伦·查尔默斯：《科学及其编造》，蒋劲松译，上海科技教
　　育出版社 2007 年版。

［奥］卡林·诺尔–塞蒂纳：《制造知识：建构主义与科学的与境
　　性》，王善博等译，东方出版社 2001 年版。

［德］哈贝马斯：《后形而上学思想》，曹卫东等译，译林出版社
　　2012 年版。

［美］伯纳德·巴伯：《科学与社会秩序》，顾昕等译，生活·读
　　书·新知三联书店 1991 年版。

［美］大卫·宁：《当代西方修辞学：批评模式与方法》，常昌富等
　　译，中国社会科学出版社 1998 年版。

［美］杰里·加斯顿：《科学的社会运行》，顾昕等译，光明日报出
　　版社 1988 年版。

［美］肯尼斯·伯克：《当代西方修辞学：演讲与话语批评》，常昌
　　富等译，中国社会科学出版社 1998 年版。

［美］迈尔斯：《书写生物学——科学知识的社会建构文本》，孙雍
　　君等译，江西教育出版社 1999 年版。

［美］史蒂芬·科尔：《科学的制造：在自然界和社会之间》，林建
　　成等译，上海人民出版社 2001 年版。

［美］托马斯·库恩：《必要的张力》，范岱年等译，北京大学出版
　　社 2003 年版。

［美］托马斯·库恩：《科学革命的结构》，金吾伦等译，北京大学

出版社 2003 年版。

［美］威廉·莱肯：《当代语言哲学导论》，陈波等译，中国人民大学出版社 2011 年版。

［英］贝尔纳：《科学的社会功能》，陈体芳译，广西师范大学出版社 2003 年版。

［英］达尔文：《物种起源》，周建人等译，商务印书馆 2012 年版。

［英］丹皮尔：《科学史》，李珩译，中国人民大学出版社 2010 年版。

三　中文期刊

安军、郭贵春：《隐喻的逻辑特征》，《哲学研究》2007 年第 2 期。

蔡仲：《析社会建构主义的科学观——科学、修辞与权力》，《贵州师范大学学报》（社会科学版）2006 年第 2 期。

成素梅：《科学哲学的语境论进路及其问题域》，《学术月刊》2011 年第 8 期。

成素梅：《〈物种起源〉中的修辞论证》，《南京林业大学学报》（人文社会科学版）2009 年第 4 期。

成素梅、郭贵春：《论科学解释语境与语境分析法》，《自然辩证法通讯》2002 年第 2 期。

成素梅、郭贵春：《语境论的真理观》，《哲学研究》2007 年第 5 期。

成素梅、李宏强：《析佩拉的科学修辞方法》，《哲学动态》2004 年第 10 期。

邓志勇：《西方"修辞学转向"理论探源》，《外国语文》2009 年第 4 期。

邓志勇：《修辞学中的悖论与修辞哲学思考——论修辞学的重新定位》，《西安外国语大学学报》2007 年第 1 期。

丁大尉、王彦雨：《试论科学论文的修辞建构研究范式及其方法论启示》，《科学·经济·社会》2012 年第 4 期。

杜建国:《语境论与哲学修辞学》,《青岛师范学院学报》2008 年第 3 期。

甘莅毫:《科学修辞学的发生、发展与前景》,《当代修辞学》2014 年第 6 期。

葛岩、吴永忠:《富勒科学哲学思想演化探析》,《长沙理工大学学报》(社会科学版)2014 年第 3 期。

郭贵春:《当代科学哲学的现状及发展趋势》,《哲学动态》2008 年第 9 期。

郭贵春:《论语境》,《哲学研究》1997 年第 4 期。

郭贵春:《科学修辞学的本质特征》,《哲学研究》2000 年第 7 期。

郭贵春:《科学修辞学转向及其意义》,《自然辩证法研究》1994 年第 12 期。

郭贵春:《科学研究中的意义建构问题》,《中国社会科学》2016 年第 2 期。

郭贵春:《科学争论及其意义》,《自然辩证法通讯》1991 年第 3 期。

郭贵春:《语境的边界及其意义》,《哲学研究》2009 年第 2 期。

郭贵春:《语境分析的方法论意义》,《山西大学学报》2000 年第 3 期。

郭贵春:《语境论的魅力及其历史意义》,《科学技术哲学研究》2011 年第 1 期。

郭贵春:《"语境"研究的意义》,《科学技术与辩证法》2005 年第 4 期。

郭贵春:《"语境"研究纲领与科学哲学的发展》,《中国社会科学》2006 年第 5 期。

郭贵春:《语义分析方法的本质》,《科学技术与辩证法》1990 年第 2 期。

郭贵春:《语义分析方法与科学实在论的进步》,《中国社会科学》2008 年第 5 期。

郭贵春：《语用分析方法的意义》，《哲学研究》1999 年第 5 期。

郭贵春、安军：《科学解释的语境论基础》，《科学技术哲学研究》
　　2013 年第 1 期。

郭贵春、成素梅：《当代科学实在论的困境与出路》，《中国社会科
　　学》2002 年第 2 期。

郭贵春、刘敏：《量子空间的维度》，《哲学动态》2015 年第 6 期。

郭贵春、殷杰：《论"语言学转向"的哲学本质》，《科学技术与
　　辩证法》2000 年第 5 期。

贺建芹：《打开潘多拉的盒子——拉图尔对科学知识的人类学研
　　究》，《山东科技大学学报》（社会科学版）2003 年第 4 期。

黄胜辉：《科学理论评价的语境分析——兼对"爱玻之争"的语境
　　分析》，《科学技术与辩证法》2004 年第 4 期。

鞠玉梅：《当代西方修辞学的哲学维度》，《天津外国语学院学报》
　　2010 年第 3 期。

鞠玉梅：《解析亚里士多德的修辞术是辩证法的对应物》，《当代修
　　辞学》2014 年第 1 期。

鞠玉梅、肖桂花：《伯克修辞思想及其理论构建的哲学基础》，《外
　　语研究》2009 年第 2 期。

李红满、王哲：《近十年西方修辞学研究领域的新发展——基于
　　SSCI 的文献计量研究》，《当代修辞学》2014 年第 6 期。

李洪强：《科学修辞语境中的辩证特性》，《科学技术哲学研究》
　　2015 年第 5 期。

李洪强：《科学争论的修辞语境》，《科学技术哲学研究》2016 年
　　第 3 期。

李洪强：《库恩科学修辞思想及其评价》，《理论探索》2013 年第
　　2 期。

李洪强、成素梅：《论科学修辞语境中的辩证理性》，《科学技术与
　　辩证法》2006 年第 4 期。

李田：《科学争论解决的修辞学模式》，《宁夏社会科学》2010 年

第 4 期。

李小博、郭贵春：《科学修辞学的方法论意义》，《科学技术与辩证法》2004 年第 1 期。

李小博、郭贵春：《科学修辞学的认识论意义》，《自然辩证法研究》2003 年第 4 期。

李小博、郭贵春：《科学修辞学与"解释学转向"》，《自然辩证法通讯》2004 年第 2 期。

李小博、朱丽君：《科学交流的修辞学》，《科学学研究》2005 年第 4 期。

李小博、朱丽君：《科学社会学与科学修辞学》，《自然辩证法通讯》2006 年第 1 期。

李小博、朱丽君：《科学修辞学的理论源泉》，《齐鲁学刊》2006 年第 1 期。

刘兵、谭笑：《科学的两种修辞建构及其案例分析》，《清华大学学报》（哲学社会科学版）2009 年第 5 期。

刘崇俊：《科学论证场中修辞资源调度的实践逻辑——基于"中医还能信任吗"争论的个案研究》，《自然辩证法通讯》2013 年第 5 期。

刘高岑：《科学发现与理论评价的语境分析——以现代地学革命为例》，《科学技术与辩证法》2003 年第 5 期。

陆群峰、肖显静：《中国国内有关"科学语境"研究概况》，《科学技术哲学研究》2011 年第 6 期。

毛宣国：《修辞批评的价值和意义》，《湖南师范大学社会科学学报》2008 年第 4 期。

欧阳康、史蒂夫·富勒：《关于社会知识论的对话（上）》，《哲学动态》1992 年第 4 期。

彭炫、温科学：《语言哲学与当代西方修辞学》，《外语教学》2004 年第 2 期。

谭笑：《公众理解科学的修辞学分析》，《自然辩证法通讯》2007

年第 2 期。

谭笑：《科学修辞学方法的反思与边界——从一场争论谈起》,《科学与社会》2012 年第 2 期。

谭笑：《科学修辞学的文本分析方式研究》,《科学技术哲学研究》2011 年第 4 期。

谭笑：《修辞参与科学：从文本到实践》,《自然辩证法通讯》2011 年第 4 期。

谭笑：《修辞的认识论功能——从科学修辞学角度看》,《现代哲学》2011 年第 2 期。

谭笑、刘兵：《科学文本研究中的修辞分析》,《科学学研究》2009 年第 8 期。

谭笑、刘兵：《科学修辞学对于理解主客问题的意义》,《哲学研究》2008 年第 4 期。

汪堂家：《隐喻诠释学：修辞学与哲学的联姻——从利科的隐喻理论谈起》,《哲学研究》2004 年第 9 期。

王善博：《科学中的模型与隐喻：隐喻性的转向》,《山东大学学报》（哲学社会科学版）2006 年第 3 期。

王彦雨、池田：《科学文本研究的神话范式及其转变》,《科学学研究》2009 年第 3 期。

王彦雨、高璐：《科学与修辞：从二元对立到辩证统一》,《科学技术哲学研究》2010 年第 6 期。

王彦雨、林聚任：《科学世界的话语构建——马尔凯话语分析研究纲领探析》,《自然辩证法研究》2010 年第 6 期。

魏屹东：《归纳推理与科学说明模型的语境解释》,《南京社会科学》2011 年第 5 期。

魏屹东：《论科学的社会语境》,《科学学研究》2000 年第 4 期。

魏屹东：《社会语境中的科学》,《自然辩证法研究》2000 年第 9 期。

魏屹东、郭贵春：《科学社会语境的系统结构》,《系统辩证学学报》2002 年第 3 期。

魏屹东、杨小爱：《自语境化：一种科学认知新进路》，《理论探索》2013 年第 3 期。

温科学：《二十世纪美国修辞批评体系》，《修辞学习》1999 年第 5 期。

吴彤：《科学实践哲学与语境主义》，《科学技术哲学研究》2011 年第 1 期。

肖显静：《理想主义科学修辞的祛语境化与语境化重建》，《科学技术哲学研究》2011 年第 2 期。

闫坤如、桂起权：《科学解释的语境相关重建》，《科学技术与辩证法》2009 年第 2 期。

闫世强、李洪强：《科学修辞语言战略》，《科学技术哲学研究》2014 年第 2 期。

殷杰：《科学语言的形成、特征和意义》，《自然辩证法研究》2007 年第 2 期。

殷杰：《论"语用学转向"及其意义》，《中国社会科学》2003 年第 3 期。

殷杰：《语境分析方法的起源》，《科学技术与辩证法》2005 年第 4 期。

殷杰：《语境主义世界观的特征》，《哲学研究》2006 年第 5 期。

殷杰、郭贵春：《论语义学和语用学的界面》，《自然辩证法通讯》2002 年第 4 期。

张春泉：《修辞与科学知识传播论纲》，《科学学研究》2004 年第 2 期。

张黎、高宁：《社会科学的方法论变革与修辞策略》，《求索》2010 年第 3 期。

张守夫：《修辞语境的结构和意义》，《科学技术哲学研究》2013 年第 4 期。

张瑜：《西方哲学与修辞学的历史渊源及学术走向》，《南昌大学学报》（人文社会科学版）2012 年第 5 期。

张昱：《作为科学方法论的语境论》，《科学技术哲学研究》2011
　　年第 1 期。

朱丽君：《科学实验中的修辞问题》，《科学技术与辩证法》2006
　　年第 8 期。

朱丽君：《牛顿科学研究方法的修辞学意义》，《科学技术与辩证
　　法》2009 年第 2 期。

宗棕、刘兵：《卢瑟福原子结构理论中"核"隐喻的提出———项
　　科学文本的修辞分析》，《科学技术哲学研究》2012 年第 3 期。

四　外文专著

Angus A. and Langsdorf L. , *The Critical Turn：Rhetoric and Philosophy in Postmodern Discourse*, Carbondale：Southern Illinois University Press, 1993.

Baake K. , *Metaphor and Knowledge：The Challenges of Writing Science*, Albany：The State University of New York Press, 2003.

Bitzer L. , *The Rhetorical Situation. In Contemporary Rhetorical Theory：A Reader*, New York：The Guilford Press, 1999.

Black E. , *Rhetorical Criticism：A Study in Method*, Madison：University of Wisconsin Press, 1965.

Black E. , *Rhetorical Questions：Studies of Public Discourse*, Chicago：University of Chicago Press, 1992.

Burke K. , *A Rhetoric of Motives*, Berkeley：University of California Press, 1969.

Cherwitz R. A. , *Rhetoric and Philosophy*, New Jersey：Lawrence Erlbaum Associates Publishers, 1990.

Dear P. R. , *The Literary Structure of Scientific Argument：Historical Studies*, Philadelphia：University of Pennsylvania Press, 1991.

Earrell T. B. , *Landmark Essays on Contemporary Rhetoric*, New Jersey：

Lawrence Erlbaum Associates Publishers, 1998.

Ethninger D. , *Contemporary Rhetoric*: *A Reader's Coursebook*, Illinois: Scott, Foresman & Company, 1982.

Fahnestock J. , *Rhetorical Figures in Science*, New York: Oxford University Press, 1999.

Faye J. , *The Nature of Scientific Thinking*, New York: Palgrave Macmillan, 2014.

Foss S. K. ed. , *Contemporary Perspectives on Rhetoric*, Waveland Press Inc. , 1991.

Fuller S. , *Philosophy*, *Rhetoric*, *and the End of Knowledge*, Mahwah, NJ: Lawrence Erlbaum Associates, 2004.

Fuller S. and Collier J. H. , *Philosophy*, *Rhetoric*, *and the End of Knowledge*: *A New Beginning for Science and Technology Studies*, New Jersey: Lawrence Erlbaum Associates, 2004.

George H. E. , *The Scientific Foundation of Social Communication*: *From Neurons to Rhetoric*, New York: Nova Science Publishers, 1999.

Graves H. B. , *Rhetoric in Science*, Gresskill: Hampton Press, 2005.

Gross A. G. , *Encyclopedia of Rhetoric and Composition*: *Communication from Ancient Times to the Information Age*, New York: Garlnd Publishers, 1996.

Gross A. G. , *Starring the Text*: *The Place of Rhetoric in Science Studies*, Carbondale: Southern Illinois University Press, 2006.

Gross A. G. , *The Rhetoric of Science*, Cambridge: Harvard University Press, 1990.

Gross A. G. and Keith W. M. eds. , *Rhetorical Hermeneutics*: *Invention and Interpretation in the Age of Science*, Albany: State University of New York Press, 1997.

Habermas J. , *Truth and Justification*, Cambridge: The MIT Press, 2003.

Halliday M. A. K. and Martin J. R. , *Writing Science*, Pittsburgh: University of Pittsburgh Press, 1994.

Harris R. A. , *Landmark Essays on Rhetoric of Science: Case Studies*, Mahwah: Hermagoras Press, 1997.

Herman R. , *Fusion: The Search for Endless Energy*, Cambridge: Cambridge University Press, 1990.

Herrick J. A. , *The History and Theory of Rhetoric: An Introduction*, Boston: Pearson, 2013.

Hoyningen-Huene P. , *Reconstruction Scientific Revolution: Thomas S Kuhn's Philosophy of Science*, Chicago: University of Chicago Press, 1993.

Jäkel O. , *Metaphern in Abstrakten Diskurs-Domänen*, Frankfurt am Main: Peter Lang, 1997.

James D. W. , *Visions and Revisions: Continuity and Change in Rhetoric and Composition*, Carbondale: Southern Illinois University Press, 2002.

Jost W. and Hyde M. J. , *Rhetoric and Hermeneutics in Our Time: A Reader*, New Haven: Yale University Press, 1997.

Kent T. , *Paralogic Rhetoric: A Theory of Communicative Interaction*, London: Bucknell University Press, 1993.

Kertész A. , *Approaches to the Pragmatics of Scientific Discourse*, New York: Peter Lang, 2001.

Knorr-Cetina K. , *The Manufacture of Knowledge: An Essay on the Constructivist and Contextual Nature of Science*, Oxford: Pergamon Press, 1981.

Kostouli T. , *Writing in Context (s): Textual Practices and Learning Processes in Sociocultural Settings*, New York: Springer Science, 2005.

Krips H. , McGuire J. and Melia T. eds. , *Science, Reason, and Rhetoric*, Pittsburgh: University of Pittsburgh Press, 1995.

Latour B. , *Science in Action: How to Follow Scientists and Engineers Through Society*, Milton Kenynes: Open University Press, 1987.

Latour B. and Woolgar S. , *Laboratory Life*: *The Construction of Scientific Facts*, Princeton: Princeton University Press, 1986.

Lucaites J. L. , Condit C. M. and Caudill S. , *Contemporary Rhetorical Theory*, New York: The Guilford Press, 1999.

Machamer P. , Pera M. and Baltas A. eds. , *Scientific Controversies*: *Philosophical and Historical Perspectives*, New York: Oxford University Press, 2000.

McAllister J. W. , *Beauty and Revolution in Science*, Cornell University Press, 1996.

Peter W. , *Locke's Essay and the Rhetoric of Science*, Lewisburg: Bucjnell University Press, 2003.

Pera M. , *The Discourse of Science*, Chicago: Chicago University Press, 1994.

Pera M. and Shea W. R. , *Persuading Science*: *The Art of Scientific Rhetoric*, Canton: Science History Publications, 1991.

Perelman C. and Olbrechts-Tteca L. , *The New Rhetoric*: *A Treatise on Argumentation*, Tran. by Wilkinson J. and Weaver P. , University of Notre Dame Press, 1969.

Perelman C. and Petrie J. , *The Idea of Justice and the Problem of Argument*, Routledge & Paul, Humanities Press edition, 1963.

Pérez-Liantada C. , *Scientific Discourse and the Rhetoric of Globalization*: *The Impact of Culture and Language*, London; New York: Continuum International Publishing Group, 2012.

Prelli L. J. , *A Rhetoric of Science*: *Inventing Scientific Discourse*, Columbia: University of South Carolina Press, 1989.

Rehg W. , *Cogent Science in Context*, The MIT Press, 2011.

Rorty R. , *Objectivity*, *Relativism and Truth*, Cambridge: Cambridge University Press, 1991.

Searle J. , *Speech Acts*: *An Essay in the Philosophy of Language*, Cambridge：Cambridge University Press，1969.

Simons H. W. ，*The Rhetorical Turn：Inventions and Persuasion in the Conduct of Inquiry*，Chicago：The University of Chicago Press，1990.

Taylor C. A. ，*Defining Science：A Rhetoric of Demarcation*，Wisconsin：University of Wisconsin Press，1996.

Tindale W. ，*Acts of Arguing：A Rhetorical Model of Argument*，Albany：SUNY Press，1999.

五　外文期刊

Battalio J. T. ，"Essays in the Study of Scientific Discourse：Methods，Practice，and Pedagogy"，*IEEE Transactions on Professional Communication*，Vol. 15，No. 1，1998.

Brown R. H. ，"Society as Text：Essays on Rhetoric，Reason，and Reality"，*British Journal of Sociology*，Vol. 40，No. 1，1989.

Campbell J. A. ，"Scientific Revolution and the Grammar of Culture：The Case of Darwin's Origin"，*Quarterly Journal of Speech*，No. 72，1986.

Dascal M. and Gross A. G. ，"The Marriage of Pragmatics and Rhetoric"，*Philosophy and Rhetoric*，No. 2，1999.

Fodor J. and Lepore E. ，"Out of Context"，*Proceedings and Addresses of American Philosophical Association*，No. 2，2004.

Gusfield J. ，"The Literary Rhetoric of Science：Comedy and Pathos in Drinking Driver Research"，*American Sociological Review*，Vol. 41，No. 1，1976.

Keränen L. ，"Rhetorical Darwinism：Religion，Evolution，and the Scientific Identity"，*Quarterly Journal of Speech*，Vol. 100，No. 4，2014.

Leff M. C. ，"The Idea of Rhetoric as Interpretative Practice：A Humanist Response to Gaonkar"，*The Southern Communication Journal*，No. 58，1993.

Leff M. C. and Sachs A. ，"Words the Most Like Things：Iconicity and the Rhetorical Text", *Western Journal of Speech Communication*, No. 54, 1990.

Lucas S. E. , "The Renaissance of American Public Address: Text and Context in Rhetorical Criticism", *Quarterly Journal of Speech*, No. 74, 1988.

McGuire J. E. and Melia T. , "Some Cautionary Strictures on the Writing of Rhetoric of Science", *Rhetorica*, No. 7, 1989.

Mellor F. , "Scientists' Rhetoric in Science Wars", *Public Understand*, No. 8, 1999.

Scott R. L. , " On Viewing Rhetoric as Epsitemic", *Central States Speech Journal*, No. 18, 1967.

Simons H. W. , "Rhetorical Hermeneutics and the Project of Globalization", *Quarterly Journal of Speech*, Vol. 85, No. 1, 1999.

Waddell C. , "The Role of Pathos in the Decision-Making Process: A Study in the Rhetoric of Science Policy", *Quarterly Journal of Speech*, No. 76, 1990.

Wander P. C. and Jaehne D. , "Prospects for A Rhetoric of Science", *Social Epistemology*, No. 14, 2000.

Willard C. A. , "Note on Simons, Gaonkar, and the Rhetoric of Science", *Quarterly Journal of Speech*, No. 85, 1999.

Zamora B. J. , "Rhetoric, Induction, and the Free Speech Dilemma", *Philosophy of Science*, No. 73, 2006.

后　记

　　本书是我在 2011 年至 2017 年研究生阶段的研究成果。我自 2007 年起就读于山西大学哲学专业，2011 年保送硕博连读，其间跟随郭贵春教授进行科学哲学方面的学术研究。在研究生阶段的 6 年里，我所研究的主题是"科学修辞"，现在呈现的本部著作就是在此期间的最终成果。

　　国内科学修辞相关研究一直属于科学哲学界的小众主题。有些学者研究了修辞学应用于科学交流、科学实验等的效果问题，有的学者研究了科学争论、科学案例中的修辞应用问题。在学习这些研究成果的基础上，我察觉到科学修辞学的基础问题实际上一直处在一个悬而未决的状态，这样一来，我们开展实证性的分析研究就会或多或少地存在一定争议性。当然，即使是首先开展科学修辞学研究的国外学者们，对科学修辞学的基础性和元理论问题的争议也尚未停息。不过这就越发促使我去试图理顺这种基本问题的研究思路，以期发现这些问题的根源。

　　在研究的过程中，我注意到语境性与修辞性的高度重合。这种重合不仅表现为它们作为方法在科学理论研究中的适用性，也表现为它们作为科学语言必须具备的一些特质等方面。当然从根本上讲，是根源于它们在语言学角度的同源性。为此，我始终坚持了探讨两者融合的可能性与可行性，最终论证了在语境融合视野下重新建构科学修辞的合理性。

　　思路一旦确定下来，后续的研究工作就有了主线。在导师和其他老师们的帮助下，我在核心期刊上陆续发表了6篇学术文章，这些文章的核心内容都体现在了本书之中。可以说，正是这些文章的撰写和修改过程推动我走向学术研究之路。现如今，虽然我已经不再专注于原来的研究主题，但是当初那种哲学研究的方法与视野始终对我产生着重要的影响，可以说，它们对我的学术研究之路刻下了很深的印记。

总的来说，本专著研究是我的学术起点，书中必然存在一定的不足，在此恳请同行专家批评指正。

在这里，我要特别感谢恩师郭贵春教授的悉心指导，感谢山西大学对我的培养以及就读期间殷杰教授、郑红午女士、武晋维老师等对我的帮助，感谢我的妻子与父母的照顾与支持，感谢本书的责任编辑中国社会科学出版社刘艳女士的帮助，感谢烟台大学对本书出版的资助。

本书的形成与出版过程如是，每当想起时总有收获，是为后记。

张旭

2022 年春于烟台大学